职业院校"十四五"规划教材
财商素养通识课程·"业财融合"系列教材
贵州省教育科学规划课题重点课题

U0317581

财商普识

邓田颖／主编
石林艳／副主编

立信会计出版社
LIXIN ACCOUNTING PUBLISHING HOUSE

图书在版编目(CIP)数据

财商普识 / 邓田颖主编. —上海：立信会计出版
社，2021.8(2024.8 重印)
ISBN 978 - 7 - 5429 - 6885 - 2

Ⅰ. ①财… Ⅱ. ①邓… Ⅲ. ①财务管理 Ⅳ.
①TS976.15

中国版本图书馆 CIP 数据核字(2021)第 133412 号

策划编辑　　王悠然
责任编辑　　陈　旻
封面设计　　南房间

财商普识

CAISHANG PUSHI

出版发行	立信会计出版社			
地　　址	上海市中山西路 2230 号	邮政编码	200235	
电　　话	(021)64411389	传　真	(021)64411325	
网　　址	www.lixinph.com	电子邮箱	lixinaph2019@126.com	
网上书店	http://lixin.jd.com	http://lxkjcbs.tmall.com		
经　　销	各地新华书店			
印　　刷	上海万卷印刷股份有限公司			
开　　本	787 毫米×1092 毫米　　1/16			
印　　张	14.5			
字　　数	335千字			
版　　次	2021 年 8 月第 1 版			
印　　次	2024 年 8 月第 3 次			
书　　号	ISBN 978 - 7 - 5429 - 6885 - 2/T			
定　　价	45.00 元			

如有印订差错,请与本社联系调换

前　　言

　　本书的编写基于主编在 2018 年 5 月获得的贵州省教育科学规划课题重点课题立项，课题编号为 2018A040。主编携团队对贵州省近 20 所职业院校 2 000 多名学生开展问卷调查，从财富观念、财商知识获取、财商行为能力、财商行动规划能力四个方面进行考察，研究职业院校学生的财商现状和存在问题，制定针对性的教育对策，帮助职业院校学生树立正确的"三观"，形成科学系统的财商思维和行为能力。多学科背景老师开展合作，不断完善教材结构和内容，填补了市面上针对职业院校学生财商素养提升类教材的空白。

课程介绍

　　本书旨在引导学生树立健康的劳动观、金钱观、财富观、人生观，目的在于培养自食其力的劳动者、理性规划的消费者、风险意识的投资者、诚信自律的生活者、识别陷阱的清醒者以及财富人生的创造者。根据上述培养目标，本书内容围绕九个主题展开，即财富与国家、财富与人生、理性消费、社保与商保、公民税收常识、防骗拒"贷"、信用与征信、投资与规划、创业中的财务常识。本书由贵州财经职业学院骨干老师进行编写。邓田颖老师负责本书的整体构架和编写思路，并编写主题二和主题八；石林艳老师编写主题五和主题七；赵彪老师编写主题一和主题六；王琨老师编写主题三；胡玮老师编写主题四；程琦老师编写主题九。张爽老师和张罗丽老师对本书进行校对。作为财商素养特色课程建设的重要成果，本书表现了多元的实践教学、包容的通识教育特色，并形成了较为完整的内容体系，呈现了较强的应用性与实践性，有利于学生掌握必需的财商知识和实践能力。

　　本书可以作为职业院校学生财商素养能力培养的教学用书及参考用书，也可以作为财商知识初学者入门的自学用书，还能够为财商知识研究者及实践者提供参考。

一、本书的特色

1. 综合性

　　本书根据学生应具备的财商观念、知识和能力进行多学科知识交叉融合，通过多个角度进行综合分析。

2. 实用性

　　本书以开放式问题做引导，培养学生分析问题、解决问题的能力。本书内容的选取注重知识与实践相结合，培养学生解决生活中规划、消费、投资、财务等问题的实践能力。

3. 趣味性

　　本书的素材主要源于生活实践、社会热点和贴近学生生活的案例。本书还设置了学生参与度较高的财商任务单，让学生在活动中提高思维分析能力。

4. 延伸性

　　本书内容的实施空间从课内向课外延伸，从课堂向学校、家庭扩展，使学生学以致用，将知识融入生活和工作中并创造价值。

5. 新形态一体化教材

本书增加了对应知识点的辅学二维码,借助多媒体技术将教学内容、教学资源和数字化教学支持服务以多种媒介、多种形态进行呈现。

二、教材使用说明

(1) 本书建议课时为 32 个课时,每个话题 1 个课时。

(2) 本书为用书学校教师提供了配套电子课件和视频资源,如有需要可以通过扫描书中二维码观看,随扫随学,激发学生自主学习,实现高效课堂。

本书在编写过程中借鉴了很多前辈及同行富有价值的成果。本书还得到了上海立信会计金融学院程万鹏教授、上海华泽科教文化发展有限公司程晋斌等专家的指导,立信会计出版社对本书的编写也给予了很大的支持与帮助。在此对支持和关心本书编写工作的同志致以衷心的感谢。

由于编写时间仓促,编者水平有限,书中难免有疏漏和不当之处,敬请读者批评指正。

编　者

2021 年 9 月

目　　录

主题一　财富与国家

学习导航

知识目标：

1. 了解财政收入的主要来源
2. 认识税收的重要性
3. 了解财政支出的主要方向
4. 认识教育支出的意义
5. 认识常见的经济指标
6. 了解全面小康的意义

能力目标：

1. 掌握常见经济指标的应用
2. 提高全面建成小康社会的认识

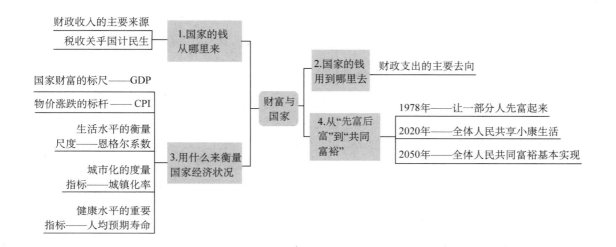

话题一：国家的钱从哪里来

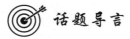 话题导言

　　小陈看到新闻，截至 2020 年 11 月底，国家各级财政疫情防控资金支出超过 4 000 亿元，正是这些资金为开展相关工作提供了坚实支撑。2020 年，新型冠状病毒肺炎疫情的突袭对我们社会的经济运行造成了不小的冲击，但是我国政府行动力强、执行力高，为防疫抗疫工作提供了资金保障。国家要提供公共服务、维护经济正常运行、维护社会稳定，这些都离不开大量资金的支持。那么，国家的钱是从哪里来的呢？

 知识储备 1：财政收入的主要来源

　　财政收入是指国家财政参与社会产品分配所取得的收入，是国家履行资源配置、收入再分配、调节经济活动、保障社会和谐稳定、实现国家的长治久安等财政职能的财力保证。财政收入作为衡量一国政府财力的重要指标，其充裕状况决定了政府在社会经济活动中提供公共物品和服务的范围和数量。

思政 点睛

　　党的十八届三中全会指出，财政是国家治理的基础和重要支柱，科学的财税体制是优化资源配置、维护市场统一、促进社会公平、实现国家长治久安的制度保障。

　　国际上通常按政府取得财政收入的形式对其进行分类，包括税收收入、国有资产收益、国债收入和收费收入以及其他收入等。我国政府收支分类改革后，财政收入主要有税收收入和非税收入等形式。

1. 税收收入

　　税收收入是国家为实现其职能需要，凭借政治权利并按照特定的标准，强制、无偿地向纳税人取得财政收入的一种形式，它是现代国家财政收入最重要的收入形式和最主要的收入来源。以 2019 年为例，国家统计局数据显示，财政收入共 190 390.08 亿元，其中税收收入为 158 000.46 亿元，占财政收入的 85.3%。具体如图 1-1 所示。

　　在我国税收收入按照征税对象可以分为五类税，即流转税、所得税、财产税、资源税和行为税。其中流转税是以商品交换和提供劳务的流转额为征税对象的税收，是我国税收收入的主体税种，占税收收入的 60% 以上，主要的流转税税种有增值税、消费税、关税等。所得税是指以纳税人的所得额为征税对象的税收，我国目前已经开征的所得税有企业所得税和个人所得税。财产税是指以各种财产（动产和不动产）为征税对象的税收，我国目前开征的财产税有土地增值税、房产税、城市房地产税和契税。资源税是指对开发和利用

国家资源而取得级差收入的单位和个人征收的税收,目前我国的资源税类包括资源税、城镇土地使用税等。行为税是指对某些特定的经济行为开征的税收,其目的是贯彻国家政策的需要。目前我国的行为税类包括印花税、城市维护建设税等。2019年各税收收入比例如图1-2所示。

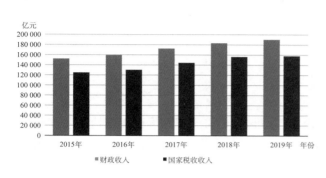

图 1-1　2015—2019 年财政收入及税收收入情况
（数据来源:国家统计局网站）

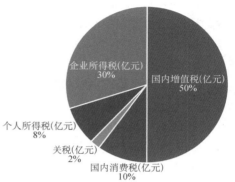

图 1-2　2019 年各税收收入比例
（数据来源:国家统计局网站）

拓展阅读

茅台连续 3 年登顶贵州"百强"企业榜,营收纳税均位列第一

2020 年 10 月 26 日,贵州省企业联合会、贵州省企业家协会在贵州大学明德学院发布了"2020 贵州企业 100 强"等榜单,贵州茅台酒股份有限公司位列第一。这也是贵州茅台酒股份有限公司自 2018 年起连续三年蝉联榜首。

这是贵州省连续第 15 次发布年度贵州企业 100 强。贵州茅台酒股份有限公司、贵州建工集团、贵州电网进入"2020 贵州企业 100 强"三甲。

"2020 贵州企业 100 强"共实现营业总收入 9 503.82 亿元,较上年增长 231.27 亿元,增长率为 2.52%;资产总额快速增长至 27 179 亿元,较上年增长 9.7%;共实现净利润 796.28 亿元,同比增长 9.65%。

"2020 贵州企业 100 强"纳税总额达 884.2 亿元,贵州茅台酒股份有限公司以 404.2 亿元的纳税总额居榜首,中国烟草公司贵州分公司以 114.97 亿元排名第二。

（资料来源:贵州日报天眼新闻,2020 年 10 月 27 日）

阅读思考

你还知道贵州省有哪些"纳税大户"?

2. 非税收入

非税收入是指除税收外,由各级政府、国家机关、事业单位、代行政府职能的社会团体及其他组织依法利用政府权力、政府信誉、国家资源、国有资产或提供特定公共服务取得并用于满足社会公共需要的财政资金,是政府财政收入的重要组成部分,是政府参与国民收入分配和再分配的一种形式。

在我国,非税收入主要有行政事业性收费、政府性基金、彩票公益金、国有资源(资产)有偿使用收入、特许经营收入、国有资本经营收益、罚没收入、以政府名义接受的捐赠收入、主管部门集中收入、政府财政资金产生的利息收入和其他非税收入等。以 2019 年为例,国家统计局数据显示,非税收入为 32 389.62 亿元,占当年财政总体收入的 17%。

 知识储备 2:税收关乎国计民生

税收是指国家凭借其政治权力,依据法定标准,向经济组织和居民无偿地征收实物或货币所取得的一种财政收入。税收具有强制性、无偿性和固定性三大特征,其历来是国家财政收入的主要来源,与国计民生息息相关。

思政 点睛

李克强在 2012 年上海召开的经济发展和财税重点改革座谈会上指出,财税杠杆是调节经济运行、促进结构调整的重要手段。保持经济平稳较快发展、推动创新转型,必须发挥好积极的财政政策的作用。一方面要加大公共支出、优化支出结构;另一方面要深化财税改革、实施结构性减税。要把支出和减税重点放在支持"三农"和小微企业上,放在建立机制、调整和优化结构上,放在稳定物价和保障改善民生上,为企业发展、科技创新、结构调整和产业升级创造更好环境,增强经济的活力、动力和可持续发展能力。

1. 税收是财政收入的主要形式

税收所具有的特征决定了税收收入的及时性、稳定性和可靠性,它成为国家满足公共需要的主要财力保障。此外,税收不仅可以对流转额征税,还可以对各种收益、资源、财产、行为征税;不仅可以对国有企业、集体企业征税,还可以对外资企业、私营企业、个体工商户征税,保证财政收入来源的广泛性,使税收成为财政收入的主要形式。

2. 税收是配置资源的有效方式

税收可以保证公共产品的提供。以税收配合价格调节具有自然垄断性质的企业和行业的生产,可以使资源配置更加有效。例如,对需要保护的产品或行业,或需要限制的产品或行业,通过实行区别于其他产品或行业的税收政策,可以起到保护或限制的作用。

3. 税收是调节经济的重要杠杆

根据经济情况的变化,制定合理的税收政策来调节社会总需求,促进经济稳定。例如,采取扩张性的税收政策,降低税率、减少税种、增加某些税收减免等,减少征税以增加企业和个人的可支配收入,刺激社会总需求。2019 年,在大减税的背景下,增值税改革进一步发力,其中制造业等行业的税率从 16% 将降至 13%,交通运输业、建筑业等行业税率从 10% 降至 9%。2019 年的《政府工作报告》指出,减税降费力度的进一步加强,预计可为企业减轻税收和社保负担近 2 万亿元,这一举措将显著降低企业的成本,提高中国企业的盈利水平。

4. 税收是调节收入分配的有力抓手

在市场经济条件下,由市场决定的分配机制,不可避免地会拉大收入分配上的差距,客观上要求通过税收调节,缩小这种收入差距。开征个人所得税、遗产税等,可以适当调节个人间的收入水平,促进收入分配公平,缓解社会分配不公的矛盾,促进社会稳定。

5. 税收是维护国家权益的重要保障

根据经济建设发展的需要,对进口商品征收进口关税,保护国内市场和幼稚产业,维护国家的经济独立和经济利益。根据国内实际情况,对某些出口产品征收出口关税,以限制国内紧缺资源的外流,保证国内生产、生活的需要;或对某些商品实行出口退税制度,鼓励国内产品走向国际市场,增强出口产品在国际市场上的竞争力。根据发展生产和技术进步的需要,实行税收优惠政策,鼓励引进国外资金、技术和设备,加速中国经济的发展。

6. 税收是监督经济活动的重要手段

对税收进行监督,可以了解税收政策的效应,有利于协调税收活动,更好地发挥税收调节经济的作用;同时,将搜集到的税收信息及时传递给企业,可以使税收更好地发挥促进企业加强经济核算、提高经济效益的作用;还可以揭露、制止和查处违反国家税法的行为,增强纳税人依法纳税的自觉性,从而保证国家税法得到正确的贯彻执行。

|财商任务单——动手了解国家的钱从哪里来|

任务要求:班级同学以小组为单位,查找近5年我国的财政收入相关统计数据,形成财政收入情况数据明细表,绘制图表简要说明变化情况,并选取财政收入中的税收收入结合近年税制改革情况进行简要分析。

话题二:国家的钱用到哪里去

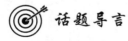

话题导言

　　小赵每年回家都能感受到家乡的变化,住房条件的改善,回家的路变得宽阔通畅,以前六七个小时的车程,现在3个小时就可以到家。小赵能切身感受到"国家在发展,人民在富裕"这句话的现实意义。"不断实现人民对美好生活的向往"是习近平总书记反复强调的主题。为了实现这个目标,你知道国家的钱用到了哪些地方吗?

知识储备 1:财政支出的主要去向

财政支出的
主要去向

　　财政支出也称公共支出或政府支出,是指国家财政将筹集起来的资金进行分配使用,以满足经济建设和各项事业的需要。财政支出是政府分配活动的一个重要方面,财政对社会经济的影响作用主要是通过财政支出来实现的。财政支出的规模和结构,往往反映一国政府为实现其职能所进行的活动范围和政策选择的倾向性。国家统计局数据显示,国家财政主要支出项目包括一般公共服务支出、外交支出、国防支出、公共安全支出、教育支出、科学技术支出、文化体育与传媒支出、社会保障和就业支出、医疗卫生支出、环境保护支出、城乡社区事务支出、农林水事务支出、交通运输支出及其他支出等。国家统计局数据显示,我国2015—2019年的财政支出如表1-1所示。

表 1-1　2015—2019 年财政支出一览表　　　　　单位:亿元

指标	2019 年	2018 年	2017 年	2016 年	2015 年
国家财政支出	238 858.37	220 904.13	203 085.49	187 755.21	175 877.77
一般公共服务支出	20 344.66	18 374.69	16 510.36	14 790.50	13 547.79
外交支出	617.50	586.36	521.75	482.00	480.32
国防支出	12 122.10	11 280.46	10 432.37	9 765.80	9 087.84
公共安全支出	13 901.93	13 781.48	12 461.27	11 031.98	9 379.96
教育支出	34 796.94	32 169.47	30 153.18	28 072.80	26 271.88
科学技术支出	9 470.79	8 326.65	7 266.98	6 564.00	5 862.57
文化体育与传媒支出	4 086.31	3 537.86	3 391.93	3 163.08	3 076.64
社会保障和就业支出	29 379.08	27 012.09	24 611.68	21 591.50	19 018.69
医疗卫生支出	16 665.34	15 623.55	14 450.63	13 158.80	11 953.18

（续表）

指标	2019 年	2018 年	2017 年	2016 年	2015 年
环境保护支出	7 390.20	6 297.61	5 617.33	4 734.80	4 802.89
城乡社区事务支出	24 895.24	22 124.13	20 585.00	18 394.60	15 886.36
农林水事务支出	22 862.80	21 085.59	19 088.99	18 587.40	17 380.49
交通运输支出	11 817.55	11 282.76	10 673.98	10 498.70	12 356.27
其他支出	1 748.79	2 312.64	1 729.31	1 899.33	3 670.55

思政 点睛

　　2020 年,李克强总理在全国"两会"作政府工作报告时指出,2020 年,要大力优化财政支出结构,基本民生支出只增不减,重点领域支出要切实保障,一般性支出要坚决压减,严禁新建楼堂馆所,严禁铺张浪费。各级政府必须真正过紧日子,中央政府要带头,中央本级支出安排负增长,其中非急需非刚性支出压减 50% 以上。各类结余、沉淀资金要应收尽收、重新安排。要大力提质增效,各项支出务必精打细算,一定要把每一笔钱都用在刀刃上、紧要处,一定要让市场主体和人民群众有真真切切的感受。

知识储备 2:教育支出

　　教育支出是指一个国家用于教育方面的全部开支,其全面反映政府教育事务支出。教育的发达程度、投入水平通常是衡量一个国家、一个民族素质和文明程度的主要标准。根据《财政部关于印发〈2021 年政府收支分类科目〉的通知》(财预〔2020〕101 号),教育支出包括教育管理事务支出、普通教育支出、职业教育支出、成人教育支出、广播电视教育支出、留学教育支出、特殊教育支出、进修及培训支出、教育附加安排的支出、其他教育支出等。

思政 点睛

　　"教育兴则国家兴,教育强则国家强。"党的十八大以来,以习近平同志为核心的党中央高度重视教育问题。习近平总书记指出,中国将坚定实施科教兴国战略,始终把教育摆在优先发展的战略位置,不断扩大投入,努力发展全民教育、终身教育,建设学习型社会,努力让每个孩子享有受教育的机会,努力让十三亿人民享有更好更公平的教育,获得发展自身、奉献社会、造福人民的能力。

　　国家统计局统计数据显示,近年来,教育支出一直是我国财政支出中最大的一项支出。我国 2015—2019 年的教育支出在财政支出中平均占比 15% 左右。教育支出中的职业教育支出反映了政府各部门举办的各类职业教育活动支出,如捐赠、补贴等,包括初等职业教育支出、中等职业教育支出、技校教育支出、高等职业教育支出、其他职业教育支出等。

 知识拓展

教 育 支 出

国家教育经费支出,通常以财政年度为计算的时间单位。

国家教育经费支出的绝对量及其增长,既受到国家财政收入总量的制约,又受到人们对发展教育的重要性的认识的影响;国家教育经费支出的相对量及其提高,主要取决于人们对发展教育的重要性的认识。

《中国教育改革和发展纲要》第 48 条规定"要提高各级财政支出中教育经费所占比例"。这是衡量一个国家或地区是否重视教育投入的重要指标。

 拓展阅读

贵州近三年财政教育总投入超 2 805 亿元

2019 年 11 月 18 日,记者从贵州省财政教育经费投入情况新闻通气会上获悉,2017年至 2019 年 9 月,全省财政教育总投入为 2 805.77 亿元,全省财政教育支出占一般公共预算支出的比例年均达 20.02%,为全省财政第一大支出,为我省顺利启动实施一系列教育重大工程、重大政策提供了有力资金保障。

近年来,贵州各级财政部门充分发挥职能作用,把教育作为财政支出重点领域予以优先保障,持续推进我省教育事业健康快速发展。

完善教育经费投入机制,保障教育事业发展。我省通过建立城乡统一、重在农村的义务教育经费保障机制,为义务教育均衡提质发展提供了有力的资金支持。2017 年至 2019年 9 月,我省财政部门共统筹中央和省级城乡义务教育补助资金 323.13 亿元,用于推进农村义务教育学校标准化建设工程、改造农村学校和教学点,支持城乡义务教育均衡提质发展。同时,建立完善以政府投入为主、受教育者合理分担、其他多种渠道筹措经费的非义务教育投入机制。近 3 年来,省级财政统筹各类专项资金 254.31 亿元,用于支持非义务教育发展。

完善财政生均经费拨款制度,实现生均财政经费保障机制全覆盖。近年来,贵州统一城乡义务教育学校生均公用经费基准定额,研究制定了学前教育和普通高中生均公用经费标准、职业教育和普通本科高校生均财政拨款标准。

推动教育公平、实现家庭经济困难学生资助保障全覆盖。2015 年至 2019 年 9 月,我省各级财政累计投入教育精准扶贫资金 54.59 亿元,共资助建档立卡贫困学生 176.3 万人次,实现了"精准资助、应助尽助"。

加强教师队伍建设,不断提升教师专业素质和能力。2017 年至 2019 年 9 月,省级财政统筹"特岗计划"中央专项资金 21.38 亿元,用于全省特岗教师招聘,目前全省特岗教师达 11.4 万余人,占全省 37.5 万农村中小学教师总数的 30%,缓解了边远贫困山区师资力量不足的矛盾;统筹"国培计划"中央专项资金 5.89 亿元,培训农村教师达 54 万人,提升了农村教师专业素质和能力。

（资料来源:贵州日报,2019 年 11 月 19 日）

 知识储备 3:国防支出

国防支出是指国家预算用于国防建设和保卫国家安全的支出,全面反映政府用于国防方面的支出。根据《财政部关于印发〈2021 年政府收支分类科目〉的通知》,国防支出包括现役部队支出、国防科研事业支出、专项工程支出、国防动员支出、其他国防支出等。

每年国家都会投入资金加强国防建设和保卫国家安全,包括各种武器和军事设备购置、军事人员给养、军事科研与实验、对外军事援助、军事工程设施和建筑、民兵建设事业等。国家统计局统计数据显示,我国 2015—2019 年的国防支出在财政支出中平均占比为 5.14%。

思政 点睛

2020 年 7 月 30 日,中共中央政治局就加强国防和军队现代化建设举行第二十二次集体学习。习近平同志在主持学习时强调,强国必须强军,军强才能国安。坚持和发展中国特色社会主义,实现中华民族伟大复兴,必须统筹发展和安全、富国和强军,确保国防和军队现代化进程同国家现代化进程相适应,军事能力同国家战略需求相适应。

|财商任务单——动手了解国家的钱花在哪些地方|

活动描述: 2019 年的《政府工作报告》指出,2019 年财政支出力度进一步加大,全国一般公共预算支出预计 23.52 万亿元,增长 6.5%。分领域来看,教育为财政第一大支出领域,占比约为 14.8%;社会保障和就业支出,占比为 12.3%;城乡社区支出,占比为 10.1%;农林水、一般公共服务、卫生健康支出,占比分别为 9.5%、8.1%、7.0%。

活动要求: 观察自己身边生活的变化,想一想这些和国家财政支出有什么关系? 感受国家财政支出如何惠及民生,并和大家交流分享你的发现和感悟。

话题三：用什么来衡量国家经济状况

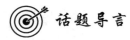 **话题导言**

　　小胡同学常听家里老人说，现在的生活是越来越好了，物质越来越丰富了。每次听到这些话时，小胡心想，读了这么多年的书，只知道中国现在是世界第二大经济体，其他的指标自己一个也说不上来。同学们，你们还知道有哪些指标可以衡量中国目前的经济现状吗？

 知识储备 1：国家财富的标尺——GDP

国家财富的标尺——GDP

　　在经济生活中，GDP 这个词频频被人们提起，它在我们的日常生活中起到了哪些作用呢？国内生产总值（Gross Domestic Product，GDP）的定义为：一定时期内（一个季度或一年），一个国家或地区的经济中所生产出的全部最终产品和提供劳务的市场价值的总值。

　　在经济学中，GDP 常用来作为衡量该国或地区的经济发展综合水平通用的指标，也是目前各个国家和地区常采用的衡量手段，它被认为是衡量国民经济发展情况最重要的指标之一。美国著名的经济学家保罗·萨缪尔森说过："GDP 是 20 世纪最伟大的发现之一。"没有 GDP，我们就无法进行国与国之间经济实力的比较，无法知道我国的 GDP 总量在世界的排位，无法了解我国的经济增长速度是快还是慢、是需要刺激还是需要控制。

 知识拓展

　　国民生产总值（GNP）是一个国民概念，是指某国国民所拥有的全部生产要素在一定时期内所生产的最终产品的市场价值。例如，一个在美国工作的中国公民所创造的财富计入中国的 GNP，但不计入中国的 GDP，而是计入美国的 GDP。在 1991 年之前，美国均是采用 GNP 作为经济总产出的基本测量指标，后来因为大多数国家都采用 GDP，加之国外净收入数据不足，GDP 相对于 GNP 来说是衡量国内就业潜力的更好指标，易于测量，所以美国才改用 GDP。

　　另外，国民生产总值（GNP）这个指标已被更名为国民总收入（GNI）。

　　那么，哪些东西该计入 GDP 呢？根据定义，GDP 既核算如电视机、苹果等有形"产品"的价值，又核算法律咨询、教育培训等"服务"的价值。GDP 只核算"最终"产品与服务的价值，不核算需要继续在市场上加工、组装成其他产品的产品；GDP 只核算"当期生产"的最终产品与服务的价值，当期交易过去生产的最终产品和服务形成的交易额不计入当期的 GDP，当期生产的最终产品和服务如果要到下一期甚至以后才能卖出去，依然以存货的名义计入该期的 GDP；GDP 一般只核算"进入市场交易"的当期生产的最终产品和服务的价值,而一般用于自给自足的最终产品和服务(如老师们下班后做家务、住在乡下的父母养来吃的鸡鸭等)是不计入 GDP 的;GDP 只核算进入"公开"市场交易的当期生产的最终产品和服务的价值。GDP 是按照地理区域原则进行统计核算的,中国的 GDP 是指在中国这块美丽的土地上生产的最终产品和服务,而非所有中国人所生产的产品和服务。

 **小思考**

张同学 2020 年获得了 2 000 元国家奖学金、1 500 元助学金和 2 800 元暑假打工收入。请问哪些收入要计入 GDP,为什么?

根据国家统计局数据,1978 年是我国改革开放的"元年",当时的 GDP 总量是 3 678.7 亿元,人均 GDP 只有 385 元。2010 年,中国 GDP 超过日本,成为世界第二大经济体。在世界格局发生演变的背景下,崛起的中国已成为一个影响国际形势的重大因素。到 2018 年,我国 GDP 达到 900 309.5 亿元,人均 GDP 为 64 644 元,相比 1978 年,GDP 总量增长了 244 倍,人均 GDP 增长了 168 倍。具体增长情况见图 1-3 和图 1-4。

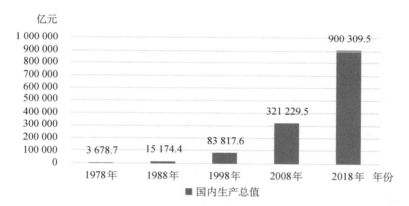

图 1-3　1978—2018 年国内生产总值情况
(数据来源:国家统计局网站)

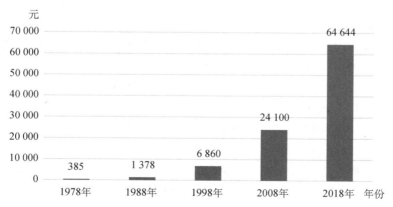

图 1-4　1978—2018 年人均国内生产总值情况
(数据来源:国家统计局网站)

拓展阅读

黄金十年！贵州省 GDP 增速连续 10 年居全国前列

贵州省 GDP 连续 10 年居全国前列

2020 年，贵州省国内生产总值为 17 826.56 亿元，按可比价格计算，比上年增长 4.5％，高于全国增速 2.2 个百分点，连续 10 年位居全国前列。其中，第一产业增加值为 2 539.88 亿元，增长 6.3％；第二产业增加值为 6 211.62 亿元，增长 4.3％；第三产业增加值为 9 075.07 亿元，增长 4.1％。

贵州省粮食产量连续 9 年稳定在千万吨以上

2020 年，贵州省粮食总产量为 1 057.63 万吨，较上年增长 0.61％，连续 9 年稳定在千万吨以上。2020 年，贵州省全年粮食播种面积为 2 754.14 千公顷（4 131.20 万亩），较上年增长 1.65％，高于全国增幅 1.05 个百分点。

"十三五"期间，贵州省工业经济平均增速 9% 左右

"十三五"时期，贵州省工业经济平均增速 9% 左右，保持高于全国平均、高于西部地区的赶超态势。贵州省工业增加值从 2015 年的全国第 25 位上升到 2019 年的全国第 21 位，工业经济的有力发展支撑了全省经济社会快速发展。

"十三五"期间，贵州省创新能力跃升至全国第 20 位

"十三五"以来，贵州省以大数据为引领实施区域科技创新战略，科技创新综合实力实现赶超进位的历史性跨越。全省区域创新能力由 2015 年的全国第 22 位提升至 2020 年的全国第 20 位，区域科技创新水平由 2015 年的全国第 30 位提升至 2020 年的全国第 27 位，彻底摆脱"十二五"期间长期停滞在全国第 30 位的落后趋势。

（资料来源：学习强国，2021 年 1 月 19 日）

在实际核算中，GDP 有以下三种核算方法。

1. 支出法

支出法是计算一定时期内整个社会购买最终产品总支出的核算方法。在现实中，最终产品的用途无外乎四类：消费、投资、政府购买以及净出口。

消费（C）包括购买耐用消费品、非耐用消费品和劳务的支出，但不包括建造住宅的支出。投资（I）是指增加或更换资本资产（包括厂房、住宅、机械设备及存货）的支出。政府购买（G）是指政府对物品和劳务的购买支出，但政府转移支付、公债利息等都不计入 GDP。净出口（NX）是指出口和进口之间的差额。出口产品是由本国生产而由他国购买的，进口产品是由他国生产而由本国使用的，因此只有净出口才计入 GDP。GDP 用公式可表示为：GDP＝C＋I＋G＋NX。

当然在很多国家（包括我国在内）的国民收入核算实践中，政府支出项目被分摊到了消费和投资这两个项目中。因此 GDP 往往被分解为消费、投资和净出口三项。

2. 收入法

收入法是最终产品价值的归属，即所有经济参与者获得的收入来计算 GDP 的核算方法。经济中产生的价值总量，最终会分配到各个经济活动主体手中。从收入法看，GDP

可以分解为：

（1）要素收入，包括作为劳动力报酬的工资、作为资本报酬的利息，以及作为土地、住房等报酬的租金等。

（2）自我雇用的企业主的收入。

（3）公司的税前利润。

（4）企业转移支付及企业间接税。

（5）资本折旧等。

只要分别计算出以上几个部分的价值，即可根据收入法计算出 GDP。

3. 生产法

生产法是用生产中的每一个环节的增加值之和来计算 GDP 的核算方法。最终产品的生产需要经过很多步骤，每一个步骤都会产生价值增值。任何一件最终产品的价格都可以通过加总其每一生产步骤的增加值得到，因此通过计算全社会各生产环节的增加值之和，就可得到 GDP。

这三种方法分别从不同方面反映国内生产总值及其构成，理论上计算结果相同。当然，由于统计误差的存在，现实中三种计算方法的结果会有所差异，但相差不会太大。

拓展阅读

GDP 统计数据

国内生产总值（GDP）统计数据是如何产生的？

我国自 1985 年建立 GDP 核算制度以来，GDP 核算方法逐步完善，数据的准确性不断提高。国家统计局在 1985 年以联合国等国际组织设置的国民经济核算体系为指导，建立了年度 GDP 生产核算制度；1989 年建立了年度支出法 GDP 核算制度；1992 年建立了季度 GDP 生产核算制度。经过 20 多年的不断探索和实践，GDP 的基本概念、核算原则、分类、核算框架和核算内容逐步得到规范。

我国的 GDP 核算涉及国民经济所有行业的大量数据，所使用的资料来源十分广泛，主要包括三个部分，一是国家统计调查资料，二是行政管理部门的财务统治资料，三是行政管理部门的行政记录资料，涉及的指标有 3 000 多个。我国年度 GDP 核算采用生产法和收入法相结合的方法，按 94 个行业分别计算增加值，然后汇总得到 GDP。基础资料足够充分的行业，直接利用基础资料计算该行业的总产出和增加值；基础资料不够充分的行业，以基准年度，即普查年度该行业的总产出和增加值为基础，利用能够反映行业发展的一些指标，采用国际上通行的做法，计算得到该行业的增加值。GDP 的数据核算结果也不是"一锤定音"的，还会根据更加完整、可靠的基础数据不断修订。根据国家统计局 GDP 核算和数据发布程序的相关规定，GDP 核算要经过初步核算、初步核实和最终核实三个步骤。除上述核算程序，在开展全国性的经济普查时，若发现对 GDP 数据有较大影响的新的基础资料或计算方法及分类标准发生变化，也要对 GDP 历史数据进行修订和发布。在进行数据修订时，既要修订 GDP 数据的总量，也要修订相应的增长速度。由此可以看出，我国的 GDP 核算是与国际接轨的，是建立在一整套科学、严谨、完整的核算体系上的，它得出的数据是可以信赖的。

（资料来源：国家统计局网站，2010 年 9 月 20 日）

知识储备 2：物价涨跌的标杆——CPI

居民消费价格指数(Consumer Price Index，CPI)是大家经常谈论的经济词汇。对于普通老百姓而言，大家对 CPI 的关注归根结底还是对日常生活所需品价格变化的关注，如对猪肉、面粉、蔬菜等价格变化的关注。那么 CPI 能如实地反映出老百姓最关心的日常生活费用的增长吗？

CPI 是反映居民家庭一般所购买的消费品和服务项目价格水平变动情况的宏观经济指标。居民消费价格指数统计调查的是社会产品和服务项目的最终价格，同人民群众的生活密切相关，在整个国民经济价格体系中也具有重要的地位。

我国的 CPI 是按食品、烟酒及用品、衣着、家庭设备用品及服务、医疗保健及个人用品、交通和通信、娱乐教育文化用品及服务、居住这八大类来计算的，这八大类的权重总和加起来是 100%。每一大类指标在 CPI 的计算中所占权重不同，其中食品占比重最大，包括粮食、肉禽及其制品、蛋、水产品、鲜菜、鲜果，具体如表 1-2 所示。需要说明的是居住指标不包括居民购买住房的支出，但包含了房租。在每一类消费品中选出一个代表品，如大多数人是吃米还是吃面，是穿皮鞋还是穿布鞋等。国家统计局选出一定数量的代表品，把这些代表品的物价按每一月、每一季、每一年折算成物价指数，定期向社会公布，就是我们所说的官方的 CPI。

表 1-2　CPI 的计算指标

一级类别	子类别	权重
食品烟酒	粮油	9.61%
	蛋类	0.82%
	猪肉	3.04%
	牛肉	0.51%
	羊肉	1.37%
	水产品	3.75%
	鲜菜	2.52%
	鲜果	1.83%
	烟草	6.75%
	酒类	3.71%
衣着	服装	8.17%
	鞋类	3.41%
居住	房屋租赁费	7.71%
	水电燃料	3.98%
生活用品及服务		5.41%

（续表）

一级类别	子类别	权重
交通和通信		12.87%
教育文化娱乐	教育服务	8.82%
	旅游	2.54%
医疗保健	医疗保健	7.76%
其他用品及服务		5.42%

CPI 计算的基本方法,是以计算当期各种商品的价格乘以计算当期各种商品的销售量,再除以基期各种商品的价格与基期各种商品的销售量之积,即:

$$CPI = \frac{一组固定商品按当期价格计算的价值}{一组固定商品按基期价格计算的价值} \times 100\%$$

CPI 是反映城乡居民消费水平和消费品价格变动情况的重要指标,也被作为观察通货膨胀水平的重要指标。如果 CPI 在过去的 12 个月中上升了 2.3%,就表示当下的生活成本比 12 个月前平均要高出 2.3%。而当生活成本提高时,货币的价值也随之降低。如果 CPI 在 12 个月内上升了 2.3%,那么去年的 100 元纸币,今年只能购买价值 97.7 元的商品或服务。所以,CPI 升幅过大,就表明货币贬值幅度过大,通货膨胀成为经济不稳定的因素。因此,CPI 也是反映通货膨胀程度的有力指标。

CPI 是国家进行经济分析和决策、价格总水平监测和调控及国民经济核算的重要指标,其变动率在一定程度上反映了通货膨胀或紧缩的程度,CPI 通常作为观察通货膨胀水平的重要指标。一般而言,GDP 增长的国家,CPI 也会同期增长,CPI 增长率在 2%～3% 属于可接受范围。当 CPI 的增幅大于 3% 时,就会引发通货膨胀;CPI 的增幅大于 5% 时,会引发严重的通货膨胀,在这种情况下,中国人民银行(以下简称"央行")为了抑制通货膨胀,会采取紧缩性的货币政策和财政政策,但这种举措有可能造成经济前景的不明朗。我国 2015—2019 年 CPI 的情况如图 1-5 所示,其中 2019 年的 CPI 为 2.90%。

图 1-5　2015—2019 年 GDP 及 CPI 变化情况
（数据来源:国家统计局网站）

CPI 统计数据

15

拓展阅读

居民消费价格指数统计数据是如何产生的?

每天清晨,韩玉敏和往常一样,早早地出门去了附近的菜市场。她在菜市场里这里问问那里看看,手里还拿着一个手机模样的东西,认真地记下各种蔬菜、鱼、肉的价格。她在调查菜市场的价格变动情况。在我国,像韩玉敏这样受过专业培训,从事价格收集工作的价格调查员有近 4 000 人,他们每天的工作就是在为这一个叫 CPI 的数字努力。

在我国,统计工作者把具有代表性的规格商品,按照用途划分为八大类。每一类都有像韩玉敏这样的专业人员负责数据的采集。北京市西城区南区消费价格调查员韩玉敏说:"我从事的是 CPI 采集工作的第一个环节,也是最基础的工作。我的采集时间分为两类:一类就是与居民生活密切相关的、价格浮动变化较频繁的商品,对于这种商品我就 5 天采价 1 次,1 个月采价 6 次,如肉、蛋、菜、水果、海鲜类;另一类就是一般性的商品,如手机和电器,10 天采价 1 次,1 个月采价 3 次。采集后我会将审核无误的数据输入手机,传送到 CPI 平台,并由同事审核汇总上报。"目前我国调查地区样本总数共有 500 多个市(县),采价点样本近 5 万个,由国家统计局负责编制,全国按统一的调查方案开展消费价格调查,而价格的采样也不仅仅是收集到价格数据就可以了。董雅秀说,像韩玉敏那样从一线实地调查回来的数据并不能直接反映 CPI 的水平,而是要加上一些消费权重数据,并通过一系列的计算才能产生准确的 CPI 数据,每一种消费品和服务的重要性是不一样的。各调查点数据由采员在督导员的督导下收集,调查市(县)每月将价格资料通过网络报送省级调查总队,经过审核后由调查总队在下月 6 日之前上报国家统计局,国家统计局城市司消费价格处对数据进行逻辑审核和抽查,若发现内在关系存在问题或与市场走势不一致,再向省、市(县)倒查,最终审核无误后汇总各市(县)的数据,计算全国和各省的CPI。所有工作的最终指向就是一个要求——准确,而为了使数据更为科学准确,在价格指数的计算过程中,加权计算也不是一次性的。首先要进行基本分类指数的计算;其次要进行类别及总指数逐级加权平均计算;再次要进行全省、区、市指数的计算;最后才能计算全国的价格指数。随着社会主义市场经济的发展与完善,CPI 被重视的程度与日俱增,我国 CPI 的统计工作未来的目标就是为社会各界提供更丰富的价格指数,更为准确地反映出我国居民生活必需品的价格变化。

(资料来源:国家统计局网站,2010 年 9 月 20 日)

生活水平的衡量尺度——恩格尔系数

知识储备 3:生活水平的衡量尺度——恩格尔系数

恩格尔系数是指居民家庭中食物支出占消费支出(食品、衣着、家庭设备用品及服务、医疗保健、交通和通信、娱乐教育文化服务、居住、杂项商品和服务)的比重。德国统计学家恩格尔根据经验统计资料对消费结构的变动提出:一个家庭收入越少,家庭收入中或者家庭支出中用来购买食物的支出所占的比例越大,随着家庭收入的增加,家庭收入中或者家庭支出中用来购买食物的支出将会下降。恩格尔系数是国际上通用的衡量居民生活水平高低的一项重要指标。

吃是人类生存的第一需要,在收入水平较低时,吃在消费支出中必然占有重要地位。随着收入的增加,在食物需求基本满足的情况下,消费的重心才会开始向穿、用等其他方面转移。因此,一个国家或家庭生活越贫困,恩格尔系数就越大;反之,生活越富裕,恩格尔系数就越小。

根据联合国粮农组织提出的标准,恩格尔系数在 59％以上为贫困,50％～59％为温饱,40％～50％为小康,30％～40％为相对富裕,低于 30％为富裕,恩格尔系数一般随居民家庭收入和生活水平的提高而降低。按此划分标准,20 世纪 90 年代,恩格尔系数在 20％以下的只有美国,达到 16％;欧洲国家、日本、加拿大一般在 20％～30％之间,属于富裕状态;东欧国家一般在 30％～40％之间,属于相对富裕状态;剩下的发展中国家基本上分布在小康水平。

国家统计局的资料显示,改革开放以来,由于收入持续快速增长,我国居民家庭的恩格尔系数呈现下降趋势,1978 年,中国城镇居民家庭的人均生活消费支出为 311 元,恩格尔系数为 57.5％;农村居民家庭的人均生活消费支出为 116 元,恩格尔系数为 67.7％。2007 年,我国城镇居民家庭恩格尔系数为 43.1％,表明我国人民以吃为标志的温饱型生活,正在向以享受和发展为标志的小康型生活转变。2017 年,国家发展改革委发布的《2017 年中国居民消费发展报告》显示,全国居民恩格尔系数为 29.39％,这是中国历史上恩格尔系数首次跌破 30％,由"3 字头"时代迈入"2 字头"时代。2018 年,国家统计局资料显示,全国居民恩格尔系数 28.4％,比上年下降 0.9 个百分点,表明我国人民正走向更加富裕的生活。

知识储备 4:城市化的度量指标——城镇化率

城镇化率是城市化的度量指标,一般采用人口统计学指标,即城镇人口占总人口(包括农业与非农业)的比重。城镇化是现代化的必由之路,是解决农业、农村、农民问题的重要途径,是推动区域协调发展的有力支撑,对全面建成小康社会、全面建成社会主义现代化强国具有重大意义。

2019 年 8 月 15 日,国家统计局发布中华人民共和国成立 70 周年经济社会发展成就系列报告之十七。该报告显示,70 年来,我国经历了世界历史上规模最大、速度最快的城镇化进程,城镇化水平显著提高,辉煌成就举世瞩目。2018 年年末,我国常住人口城镇化率达到 59.58％,比 1949 年年末提高了 48.94 个百分点,年均提高 0.71 个百分点。从总体上看,我国城镇化经历了探索发展、快速发展和提质发展的过程。

1. 探索发展阶段(1949—1978 年)

1949 年年末,我国常住人口城镇化率只有 10.64％。1964 年,"三线"建设开始启动,我国中西部地区城市和城镇人口有所增加,区域协调性有所改善。至 1978 年,常住人口城镇化率基本保持在 17％～18％。

2. 快速发展阶段（1979—2011 年）

1978 年,党的十一届三中全会召开并作出了实行改革开放的重大决策,我国城镇化进程开始加速。经济特区逐步设立,户籍管理制度开始放松,农村人口快速向城镇流动,乡镇企业兴起,城市和小城镇数量迅速增加。1992 年,邓小平南方谈话推动改革开放进入新阶段,大批农村剩余劳动力加速向第二、第三产业转移。20 世纪 90 年代后期,市场经济活力持续增强,珠三角、长三角等城市群逐步成形,城市集聚效应更加明显。2001 年,中国加入世界贸易组织,城市商业更加兴旺,市场更加繁荣。2002 年,党的十六大报告首次提出科学发展观,要求"坚持大中小城市和小城镇协调发展,走中国特色的城镇化道路",西部大开发、东北振兴和中部崛起等一系列发展战略实施,改革开放逐渐扩展至沿边、沿江和沿主要交通干线城市,城市发展的区域协调性进一步增强。2011 年年末,常住人口城镇化率达到 51.27%,工作和生活在城镇的人口比重超过了 50%,比 1978 年年末提高 33.35 个百分点,年均提高 1.01 个百分点。

3. 提质发展阶段（2012 年至今）

2012 年,党的十八大提出"走中国特色新型城镇化道路",我国城镇化开始进入以人为本、规模和质量并重的新阶段。2013 年,党中央、国务院召开了第一次中央城镇化工作会议。2014 年,中共中央、国务院印发了《国家新型城镇化规划（2014—2020 年）》。2015 年,中央城市工作会议在北京召开。为积极推动新型城镇化建设,户籍、土地、财政、教育、就业、医保和住房等领域配套改革相继出台,农业转移人口市民化速度明显加快,大城市管理更加精细,中小城市和特色小城镇加速发展,城市功能全面提升,城市群建设持续推进,城市区域分布更加均衡。2018 年年末,常住人口城镇化率比 2011 年提高了 8.31 个百分点,年均提高 1.19 个百分点;户籍人口城镇化率达到 43.37%,比 2015 年提高了 3.47 个百分点,年均提高 1.16 个百分点。

（资料来源:城镇化水平不断提升城市 发展阔步前进——新中国成立
70 周年经济社会发展成就系列报告之十七）

拓展阅读

江苏安徽等地成为国家新型城镇化综合试点地区

国家发展改革委副秘书长范恒山于 2015 年 2 月 28 日指出,要抓好国家新型城镇化综合试点工作。经过筛选论证,已经确定了江苏、安徽两个省和 62 个城市（镇）作为试点地区,围绕农业转移人口市民化成本分担机制等等开展改革探索。

要扎实推进"三个一亿人"城镇化方案的实施,所谓"三个一亿人"的城镇化:一是要促进一亿人农业转移人口落户城镇;二是引导一亿人在中西部地区就近城镇化;三是改造约一亿人居住的城市棚户区和城中村。这"三个一亿人",前两个"一亿人"的主体都是农民工,后一个"一亿人"的相当一部分也是农民工。所以,"三个一亿人"的城镇化是党中央、国务院基于新型城镇化发展而提出的重要战略举措,关系到我国家庭的安居乐业,也关系到国家的现代化进程。这是一个大事,我们将围绕农业转移人口的落户、农民工就近就地转移就业这些主要任务进一步深化细化相关方案。

列入试点名单的贵州省地区有：

地级市（区、县）：贵州省安顺市；县级市（区、县）：贵州省都匀市。

第三批试点名单：贵州省六盘水市盘县、黔西南州兴义市、黔东南州凯里市、黔南州独山县、黔南州三都县。

（资料来源：人民网，2015 年 2 月 28 日）

 知识储备 5：健康水平的重要指标——人均预期寿命

根据国家卫健委发布的统计公报，2019 年我国居民人均预期寿命达到 77.3 岁，比 2015 年提高了 0.96 岁，主要健康指标总体上居于中高收入国家前列。人均预期寿命的延长见证了"十三五"时期我国医疗卫生体系的不断提升。

人均预期寿命是指在一定的假设条件下，即目前各年龄的死亡率保持不变的基础下，在同一期间出生的人口在自然状况下预期能够从出生直到死亡所经历的平均寿命，它按照目前的分年龄死亡率来计算人口预期寿命。它是衡量一个国家、民族和地区居民健康水平的一个指标，可以反映出一个社会生活质量的高低。社会经济条件、卫生医疗水平限制着人们的寿命。1949 年，中国人的人均预期寿命为 35 岁，1980 年为 68 岁，2018 年为 76.4 岁。人均预期寿命的变化具体见图 1-6。

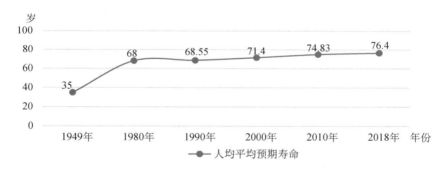

图 1-6　人均预期寿命的变化

人民群众生活显著改善是预期寿命增长的重要因素，也是我国经济发展成就最重要的一个方面。70 年来，我国城乡居民收入持续增加。2018 年，全国居民人均可支配收入达到 2.8 万元，比 1978 年实际增长 24.3 倍。党的十八大以来，国家高度关注民生和就业，城镇新增就业连续 6 年超过 1 300 万人，2018 年年末，我国整体就业人员增加到 7.76 亿人。脱贫攻坚成效非常显著，2013—2018 年我国农村贫困人口共减少 8 239 万人，相当于一个大国的人口水平。到 2018 年，农村贫困发生率下降到 1.7%，对全球减贫贡献率超过 70%。

根据世界卫生组织（WHO）发布的 2018 年版 *World Health Statistics* 提到的各国人口预期寿命数据，日本以 84.2 岁位于全球排名第 1 位，美国以 78.5 岁位于全球排名第 34 位，而中国则以 76.4 岁位于全球排名第 52 位。

财商任务单——《优品美景，我为家乡代言》任务活动

　　用眼睛观察家乡的变化、用心灵感受家乡的变化,通过拍摄家乡短视频、创作旅游景点解说词、设计地方土特产推荐软文等为家乡代言,介绍和展示家乡的风土民情、美食美景,记录家乡的发展与变迁,讲好家乡"好故事",唱响家乡"好声音",展现家乡特色和魅力,如表1-3所示。

表1-3　《优品美景,我为家乡代言》任务要求

序号	类型	要求
1	短视频	围绕家乡优品美景进行短视频创作,要求作品内容健康向上、较为完整,有态度、有温度、有创意、有情怀、有亮点
2	摄影	围绕家乡优品美景进行拍摄,图片可配50字以内文字进行描述
3	文字	作品紧扣家乡优品美景,多角度、立体化展现家乡特色与魅力;标题自拟,文体不限,内容积极健康向上,字数要求不少于100字
4	绘画	通过绘画形式描绘家乡风貌,展示家乡美景、优品

话题四：从"先富后富"到"共同富裕"

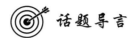 **话题导言**

改革开放 40 多年来，我国 7 亿多人脱贫过上了小康生活，贫困发生率从 97.5% 降至 3.1%，提前 10 年实现联合国 2030 年可持续发展议程的减贫目标，在世界减贫史上铸刻了伟大的"中国奇迹"。同学们，我们都是这一奇迹的见证者、亲历者和建设者。想一想，在全面建成小康社会的过程中，我们要如何贡献自己的一份力量呢？

 知识储备 1：1978 年——让一部分人先富起来

1. 1978 年中共中央工作会议

1978 年 11 月 10 日至 12 月 15 日，中共中央工作会议在北京召开。邓小平同志在会议闭幕式上作了题为《解放思想，实事求是，团结一致向前看》的重要讲话。他指出，解放思想是当前一个重大的政治问题。在经济政策上，邓小平同志认为，要允许一部分地区、一部分企业、一部分工人农民，由于辛勤努力成绩大而收入先多一些，生活先好起来。一部分人生活先好起来，就必然产生极大的示范力量，影响左邻右舍，带动其他地区、其他单位的人们向他们学习。这样，就会使整个国民经济不断地波浪式地向前发展，使全国各族人民都能比较快地富裕起来。同时，针对在西北、西南和其他一些地区，生产和群众生活还很困难，国家应当从各方面给予帮助，特别要从物质上给以有力的支持。

2. 党的十一届三中全会

1978 年 12 月 18 日至 12 月 22 日，中国共产党第十一届中央委员会第三次全体会议在北京举行。党的十一届三中全会重新确立了解放思想、实事求是的思想路线，作出了把工作重点转移到社会主义现代化建设上来、实行改革开放的伟大战略决策。1985 年 9 月 23 日，在中国共产党全国代表会议上，他又指出，鼓励一部分地区、一部分人先富裕起来，也正是为了带动越来越多的人富裕起来，达到共同富裕的目的。1986 年 8 月，邓小平同志在视察天津时的谈话中指出，"我的一贯主张是让一部分人、一部分地区先富起来，大原则是共同富裕。一部分地区发展快一点，带动大部分地区，这是加速发展、达到共同富裕的捷径"。

3. 一部分人先富起来

改革开放政策的实施打破了绝对平均主义和"大锅饭"体制，为国家积累了巨大的人力、物力和财力。这一阶段分配政策改革的实践以我国的农村为突破口，从 1978 年安徽凤阳分地开始，随着联产承包责任制的推广，从小岗村 18 户农民签下生死契约"大包干"到"悦宾"饭馆，从农民长途贩运花生、大米成为首批个体经营户到以"傻子瓜子"等为代表的民营经济异军突起,从深圳兴涛到海南弄潮……"大政策"有效激发了中国人追求财富的热情,中国人被束缚许久的生产力被释放出来了。像年广久一样,一些地区、一批敢想敢闯敢干的人先富了起来,推动了整个社会的发展,同时也带动着其他人。

拓展阅读

1978,中国回来了

　　1978 年,中国最重大的经济事件并不发生在城市里,而是在一个偏僻、贫穷的小乡村。这在即将开始的 30 年里一点也不奇怪,因为日后更多改变中国变革命运的事件都是没有预谋的,都是在很偏僻的地方、由一些很平凡的小人物意外引爆的。1978 年 11 月 24 日晚上,在安徽省凤阳县小岗生产队的一间破草屋里,18 个衣衫老旧、面色饥黄的农民,借助一盏昏暗的煤油灯,面对一张契约,一个个神情紧张地按下血红的指印,并人人发誓:宁愿坐牢杀头,也要分田到户搞包干。这份后来存于中国革命博物馆的大包干契约,被认为是中国农村改革的"第一枪"。在 1978 年以前,已经实行了 20 多年的人民公社制度把全国农民牢牢地拴在土地上,"大锅饭"的弊端毕现无疑,农业效率的低下到了让农民无法生存的地步。小岗村是远近闻名的"三靠村"——"吃粮靠返销,用钱靠救济,生产靠贷款",每年秋收后几乎家家外出讨饭。1978 年的安徽,从春季就出现了旱情,全省夏粮大减产。小岗村的农民在走投无路的情况下,被逼到了包产到户的这一条路上。包干制竟十分灵验,第二年小岗村就实现了大丰收,第一次向国家交了公粮,还了贷款。

　　在当时的安徽省委书记万里的强力主持下,小岗村的大包干经验一夜之间在安徽全境遍地推广。此后,以"家庭联产承包责任制"命名的中国农村改革迅速蔓延全国,给中国农村带来了举世公认的变化。包产到户的意义无疑是巨大的。一方面,它让中国农民摆脱了遏制劳动积极性的人民公社制度,从而解放了生产力,它的推广在根本上解决了中国的口粮产能问题。而另一方面,它让农民从土地的束缚中解放出来,在土地严重缺乏而观念较为领先的东南沿海地带,大量闲散人口开始逃离土地,他们很自然地转而进入工业制造领域寻找生存的机会,这群人的出现直接地诱发了乡镇企业的"意外崛起"。在某种意义上,中国民营企业的成长,在逻辑根源上也可以从小岗村的那个冬夜开始追寻。

(资料来源:节选自《激荡三十年》,作者:吴晓波)

知识储备 2:2020 年——全体人民共享小康生活

1. 打赢脱贫攻坚战

　　党的十八大以来,习近平总书记将扶贫攻坚提升到全新高度。习近平总书记指出,扶贫开发工作,贵在精准,重在精准,成败之举在于精准。必须在精准施策上出实招、在精准推进上下实功、在精准落地上见实效。以习近平同志为核心的党中央从全面建成小康社会的要求出发,全面打响脱贫攻坚战,促进了贫困地区加快发展,构筑了全社会扶贫强大合力,建立了中国特色脱贫攻坚制度体系。

　　2015年11月29日,中共中央、国务院颁布了《中共中央　国务院关于打赢脱贫攻坚战的决定》(以下简称《决定》)。《决定》提出的目标是,到2020年,稳定实现农村贫困人口不愁吃、不愁穿,义务教育、基本医疗和住房安全有保障。实现贫困地区农民人均可支配收入增长幅度高于全国平均水平,基本公共服务主要领域指标接近全国平均水平。确保我国现行标准下农村贫困人口实现脱贫,贫困县全部摘帽,解决区域性整体贫困。

　　2020年11月23日,贵州省宣布,晴隆、望谟、威宁、赫章、纳雍、榕江、从江、紫云、沿河9个县退出贫困县序列,贵州省内所有贫困县全部实现脱贫摘帽。至此,全国所有贫困县(832个)全部实现脱贫摘帽,我国告别了农村绝对贫困。

2. 全面建成小康社会

　　所谓全面的小康社会,不仅仅是解决温饱问题,而是要从政治、经济、文化、社会、生态等各方面满足城乡发展需要。

　　建设小康社会是改革开放的战略之一。邓小平在规划中国社会发展蓝图时提出了小康社会概念。1979年12月6日,邓小平在会见日本首相大平正芳时说:"我们的四个现代化的概念,不是像你们那样的现代化的概念,而是'小康之家'。"1992年,中国改革开放转型后,正式向全面建设小康社会转型。

　　党的十六大报告从经济、政治、文化、可持续发展四个方面界定了全面建设小康社会的发展的要求,具体就是六个"更加",即经济更加发展、民主更加健全、科教更加进步、文化更加繁荣、社会更加和谐、人民生活更加殷实。

　　党的十八大报告根据我国经济社会发展实际和新的阶段性特征,在党的十六大、十七大确立的全面建设小康社会目标的基础上,提出了一些更具明确政策导向、更加针对发展难题、更好顺应人民意愿的新要求,以确保到2020年全面建成的小康社会,是发展改革成果真正惠及十几亿人口的小康社会,是经济、政治、文化、社会、生态文明全面发展的小康社会,是为实现社会主义现代化建设宏伟目标和中华民族伟大复兴奠定了坚实基础的小康社会。

　　2020年年底,随着我国脱贫攻坚工作的完美收官,我国如期实现脱贫攻坚目标,农民生活达到全面小康水平。

思政 点睛

　　2018年10月22日,习近平同志在广东考察时指出,我们党是全心全意为人民服务的党,党的一切工作就是要为老百姓排忧解难谋幸福。全面小康路上一个不能少,脱贫致富一个不能落下。

拓展阅读

威宁石门乡:新营苗寨话今昔　山乡巨变换新颜

　　11月14日,在新营苗寨村民张玉芬的家里,我们感受到了苗族的热情好客。新营苗寨位于威宁彝族回族苗族自治县石门乡。过去,石门乡地处偏远交通不便,山高坡陡,自然环境恶劣,发展滞后,是贵州省20个极贫乡镇之一。石门坎社区新营苗寨更是石门乡脱贫攻坚难啃的"硬骨头",家家户户住茅草房,吃洋芋坨坨,出门就是泥巴路。

"谢谢脱贫攻坚好政策,让我们有了新家。"张玉芬打开话匣子说起生活的变化。2015年10月,得益于脱贫攻坚政策,总投资2 700余万元的项目款投向新营苗寨,项目在拆除旧房的原址上重新设计建设统规统建。新营苗寨在外观设计上融入了苗族风俗文化元素,既体现了古代苗族文化风貌,又彰显了现代建筑文化气息,并有了寨名"新营苗族风情小康寨"。2016年12月,新营苗寨建成并整寨搬迁入住,水、电、路、通信等基础设施一应俱全。

新营苗族风情小康寨呈同心圆状,寨子绿树成荫,寨内的小池塘常年有水,已存在数代,小池塘见证了苗寨发展的变迁。

石门乡人大主席杨鼎介绍,新营苗族风情小康寨在建设过程中把以前的83栋破旧茅草房变成了亮丽的风情小"别墅",寨子实现了雨污分离,脏乱的院坝变成了宽敞洁净的文化广场。新营苗族风情小康寨建成后,家家户户住进了小楼房。同时,寨子还引进贵州宏华公司"动车式"扶贫带动养殖生猪,带动46户贫困户每户增收1 200元。举办劳动力转移培训500余人次,实现100余人外出务工就业,增收200余万元。今年,寨子采取"公司＋合作社＋农户"模式,从外地引进先进农业科技公司入驻建厂进行订单种植80余亩万寿菊,户均分红达1 500元。苗寨扶贫产业全覆盖,预计户均增收3万元以上。

(资料来源:贵州日报天眼新闻,2020年11月25日)

知识储备3:2050年——全体人民共同富裕基本实现

消除贫困,改善民生,实现共同富裕,是社会主义的本质要求,是人民群众的共同期盼,是中国共产党人始终如一的根本价值取向,是党在第二个百年宏伟篇章开篇之际作出的重大战略延展。

全体人民共同富裕是中国式现代化的一个基本特征,凸显了我国现代化的社会主义性质,丰富了人类现代化的内涵,为解决人类问题贡献了中国智慧和中国方案。

实现共同富裕是中国人民自古以来的理想追求。从春秋时期孔子的"不患寡而患不均,不患贫而患不安",到战国时期孟子的"老吾老以及人之老,幼吾幼以及人之幼",再到《礼记·礼运》描绘的"小康"社会和"大同"社会状态,均反映出中国人民自古以来对幸福生活、共同富裕的期盼和憧憬。

实现共同富裕是中国共产党的重要使命。中国共产党坚持把为中国人民谋幸福、为中华民族谋复兴作为初心和使命,在推进社会主义现代化的进程中始终把实现共同富裕作为奋斗目标,带领中国人民为创造自己的美好生活进行长期艰辛奋斗。邓小平同志指出:"社会主义最大的优越性就是共同富裕,这是体现社会主义本质的一个东西。"江泽民同志强调:"实现共同富裕是社会主义的根本原则和本质特征,绝不能动摇。"胡锦涛同志强调:"使全体人民共享改革发展的成果,使全体人民朝着共同富裕的方向稳步前进。"习近平同志指出:"人民对美好生活的向往,就是我们的奋斗目标。"

实现共同富裕体现了中国共产党以人民为中心的根本立场。中国特色社会主义建设进入新时代,我国社会的主要矛盾已经转化为人民日益增长的美好生活需要与不平衡、不充分的发展之间的矛盾。人民对美好生活、实现共同富裕的期待则越来越高,这要求我们充分调动人民群众的积极性、主动性和创造性,举全民之力推进中国特色社会主义事业,不断把"蛋糕"做大;同时也要把满足人民对美好生活的新期待作为发展的出发点和落脚点,把不断做大的"蛋糕"分好,通过提高人民收入水平、强化就业优先政策、建设高质量教育体系、健全多层次社会保障体系、全面推进健康中国建设、实施积极应对人口老龄化国家战略等举措改善人民生活品质,让社会主义制度的优越性得到更充分体现,让广大人民群众的幸福感和安全感更加充实、更有保障、更可持续。

逐步实现共同富裕,是新时代中国特色社会主义的一个鲜明特征。党的十九大报告明确了三步走实现共同富裕的战略部署。第一步,到 2020 年全面建成小康社会,"农村贫困人口全部脱贫是一个标志性指标"。第二步,到 2035 年基本实现社会主义现代化,"人民生活更为宽裕,中等收入群体比例明显提高,城乡区域发展差距和居民生活水平差距显著缩小,基本公共服务均等化基本实现,全体人民共同富裕迈出坚实步伐"。第三步,到 21 世纪中叶实现社会主义现代化强国,"全体人民共同富裕基本实现,我国人民将享有更加幸福安康的生活"。《中华人民共和国国民经济和社会发展第十四个五年规划和 2035 年远景目标纲要》指出,坚持把实现好、维护好、发展好最广大人民根本利益作为发展的出发点和落脚点,尽力而为、量力而行,健全基本公共服务体系,完善共建共治共享的社会治理制度,扎实推动共同富裕,不断增强人民群众的获得感、幸福感、安全感,促进社会全面进步。

🔅 思政 点睛

2012 年 11 月 15 日,习近平同志在第十八届中共中央政治局常委同中外记者见面时讲话指出,人民对美好生活的向往,就是我们的奋斗目标。人世间的一切幸福都需要靠辛勤的劳动来创造。我们的责任,就是要团结带领全党全国各族人民,继续解放思想,坚持改革开放,不断解放和发展社会生产力,努力解决群众的生产生活困难,坚定不移走共同富裕的道路。

|财商任务单——讲讲身边的事|
"感扶贫之恩·立脱贫之志"主题活动

2020 年,我们发现身边许多村庄旧貌换新颜。贫困群众不再愁吃、不再愁穿,他们的基本医疗、住房安全有了保障。决战决胜脱贫攻坚和建设全面小康的过程少不了国家政策的大力支持,少不了许多人的付出,少不了许多企业的参与。

请以小组为单位挖掘近几年来发生在你周围的关于脱贫攻坚和乡村建设的先进典型人物和典型事例,并与大家分享。简要描述典型事例或先进典型人物,并阐述推荐理由。

主题二　财富与人生

学习导航

知识目标：

1. 了解货币的起源和发展
2. 熟悉货币的职能
3. 了解生命周期理论
4. 了解家庭财富发展规律
5. 认知家庭财务规划和主要指标

能力目标：

1. 能根据家庭财富发展规律，合理地对人生不同阶段进行财务规划
2. 能用 App 进行记账
3. 能利用 App 或线上计算器计算房贷、车贷和消费贷款

思维导图

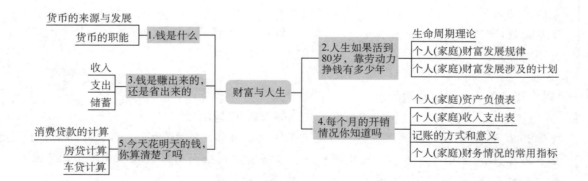

话题一：钱是什么

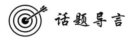

话题导言

　　小林说："钱就是我口袋里装的人民币啊,每天我都和它打交道,一点也不陌生"。小田说："钱可以用来购买想要的商品。"小希说："钱不是万能的,但没有钱是万万不能的。"每个同学说得似乎都有道理,同学们,你认为钱是什么呢?

 知识储备 1：货币的来源与发展

　　在原始社会,生产力水平低下,人们的劳动产品除了满足自己的需要,很少有剩余的用于交换。人类社会起初并没有货币的存在。在原始社会后期随着生产力的发展,满足需要后的剩余,出现了最初的实物交换。例如,2 把斧子＝1 只羊;1 匹布＝2 只鸡。

　　随着生产力的进一步发展,交换数量增多,交换行为频繁,必然需要一个一般等价物作为交换的媒介。在较小范围内进行交换。例如,1 件上衣＝1 只羊,2 袋粮食＝1 只羊,2 把斧头＝1 只羊。

　　在欧洲最早的一般等价物是绵羊,在我国最早的一般等价物是贝壳(见图 2-1)。此时的一般等价物存在难以分割、携带不便、不易保存等问题。人们需要选择一种价值高、价值统一、便于分割、便于携带和保存的商品充当一般等价物。

图 2-1　贝币

　　当一般等价物逐渐固定在特定种类的商品上时,其就定型为货币了。黄金质地均匀、易于分割、体积小、价值大,特殊的天然属性与一般等价物自然结合在一起了。当人们选择贵金属作为一般等价物时,一般等价物就相对稳定了,货币也就产生了。所以说货币就是交换的媒介。

小思考

为什么马克思说“金银天然不是货币，但货币天然是金银”，这句话该怎么理解？

在面临大额交易时，金属货币显得过于沉重，而且有一定风险。同时，流通中会因磨损而减轻分量，使铸币面值与实际价值不符。于是，代用货币继而出现了。代用货币是由政府和银行发行的，其自身价值低于货币价值，但有十足的金、银等贵金属作为保证，持有者可以随时到政府或银行兑付金银货币。根据史料记载，历史上第一张纸币是我国北宋年间成都一带使用的“交子”（见图 2-2）。自此以后人们就开始使用银票这类纸币。

图 2-2　交子

拓展阅读

你知道“钱”有多重吗？

中国自秦汉以来，就有环形钱，后定制为外圆内方，人称“孔方兄”。汉代因其重量而称“五铢钱”，到唐代，因为“开元通宝”重量稳定，可以当作天平砝码用，“钱”便成了重量单位。十钱一两，160 文钱即有 500 克重。钱一串或一吊或一贯，标准是 1 000 文，重量为 3.125 千克。这就是一笔很大的数目了。

宋人小说有所谓“腰缠十万贯，骑鹤下扬州”，虽然只不过是几个书生的愿望，但算起重量来，足以让诸位吓一跳，“十万贯”的重量达 31.25 万千克！缠在身上，别说缠得上缠不上，缠上了也动弹不得。钱多真能压死人！

所以古人身上有钱，哪怕就是几十文，路人皆知，那口袋背囊里铜钱碰撞的声音，人们太熟悉了。如果钱多要运，大抵都得用车，一旦上路，嶙嶙钱声，等于给车上贴上了“运钱车”的标签，一路吆喝“这里有钱”。官府军队用钱数量浩大，运钱的马车往往得数 10 驾。

由此可见,古时候的窃贼强盗,消息真是太灵通了,"钱"会告诉他们钱在那里——这简直就是一个让有钱人无可奈何的"内奸"。

(资料来源:新浪微博,周育民 2012 年 11 月 19 日)

　　代用货币的发行取决于金属储备量,金银这类自然资源是有限的。随着商品的交易量越来越大,金银铸币无法跟上时代的发展。20 世纪 30 年代,全球经济危机的发生,主要资本主义国家先后被迫放弃了金本位和银本位货币制度,纸币不再兑换金属货币,信用货币应运而生了。

　　信用货币是以国家的信誉为保证,不仅本身的价值低于其货币价值,而且也不代表任何的贵金属。目前世界各国发行的货币,基本都属于信用货币。信用货币包括纸币、银行存款和电子货币。纸币是由政府发行并由国家强制流通使用的,以纸张为基本材料的货币,承担人们日常生活用品的购买手段(见图 2-3)。银行存款主要有活期存款和定期存款,银行转账结算能够为商业往来和大额支付带来很大的便利。电子货币是用电脑、手机储值卡所进行的金融活动,常见的电子货币形式有银行卡、电子支票、电子钱包(支付宝、微信钱包等)。持有电子货币就如同持有现金一样,每次消费可以从存款金额中扣除。电子货币在使用方便的同时,也存在一些安全隐患。例如,电子货币被盗、个人资产信用情况泄露等。

图 2-3　人民币

 小思考

"纸币本身没有价值"这句话该怎么理解?

 拓展阅读

迎接央行数字货币,你准备好了吗?

　　据介绍,央行数字货币具有国家信用,与法定货币等值,"其功能属性与纸钞完全一样,只不过是数字化形态"。

"只要两个人的手机里都有数字钱包,只要手机有电,无须网络,无须绑定银行卡,双方的手机碰一碰,就可以方便地完成转账或支付。"新网银行首席研究员董希淼介绍道。

中国人民银行提出,要加快推进我国法定数字货币研发步伐。早在 2014 年,中国人民银行就启动了数字货币的前瞻性研究;2016 年,中国人民银行成立数字货币研究所;2017 年,中国人民银行成立专项工作组启动研发试验。据易纲介绍,未来数字货币和电子支付的目标是替代一部分现金,框架是中央银行和商业银行双层运行体系,不改变现在的货币投放路径和体系;在研发上不预设技术路线,在市场上公平竞争优选,充分调动市场的积极性。

近年来,互联网支付发展迅猛,数字经济步入快车道,金融与科技深度融合成为大势所趋,这也势必对数字货币的研发提出更高的要求。中国人民银行提出,未来将更加重视运用人工智能、互联网、大数据等现代信息技术手段,提升中央银行履职能力。易纲也表示,"将继续研究如何加强央行数字货币的风险管理"。

那么,等到央行数字货币真正落地那一天,它又将如何影响我们的生活?

"将来随着央行数字货币落地应用,消费者的支付选择将更加丰富,也更加方便快捷。数字货币有利于降低交易成本、提高金融运行效率,也有利于防范洗钱等违法交易行为。"董希淼认为,数字货币不可能完全替代纸币,纸币将长期存在。用户消费习惯各有不同,现金支付、非现金支付将长期共存。

对于央行数字货币与微信或支付宝的关系,董希淼认为,央行数字货币是法定货币,而微信支付和支付宝只是一种支付方式,它们的效力不同。央行数字货币对于支付宝或微信不存在冲击与否的问题,"实际上,哪个更好用、方便、安全,用户就会用哪个"。

(资料来源:光明日报,2020 年 5 月 13 日)

知识拓展

《中国人民银行 工业和信息化部 中国银行业监督管理委员会 中国证券监督管理委员会 中国保险监督管理委员会关于防范比特币风险的通知》(银发〔2013〕289 号)(以下简称《通知》)指出,要正确认识比特币的属性。比特币具有没有集中发行方、总量有限、使用不受地域限制和匿名性等四个主要特点。虽然比特币被称为"货币",但由于其不是由货币当局发行,不具有法偿性与强制性等货币属性,并不是真正意义的货币。从性质上看,比特币应当是一种特定的虚拟商品,不具有与货币等同的法律地位,不能且不应作为货币在市场上流通使用。

但是,比特币交易作为一种互联网上的商品买卖行为,普通民众在自担风险的前提下拥有参与的自由。

小思考

认真阅读上文,请结合所学知识,尝试分析为什么"比特币"不是货币,我们应该怎样正确看待比特币等虚拟货币。

知识储备 2：货币的职能

货币的存在是客观经济生活发展的必然，货币本身所固有的功能，也是在商品经济发展的过程中逐步形成的。总的来说，货币具有五个基本职能，即价值尺度、流通手段、贮藏手段、支付手段和世界货币。其中的价值尺度和流通手段是货币的两个基本职能。

价值尺度是以货币作为尺度来表现和衡量其他一切商品的大小。价值尺度货币能够对商品和服务进行比较、交换。进行比较、交换的可以只是观念上的货币，而不是现实的货币。例如，我们说这台电脑值 6 000 元，这部手机值 3 000 元，电脑比手机价值大，也就是这台电脑比这部手机贵。

流通手段是指货币在商品流通中起媒介作用时所发挥的职能。货币作为流通手段，不能是观念上的货币，必须是实实在在的货币，所谓"一手交钱，一手交货"。纸币就是从货币作为流通手段的职能中产生的。例如，我们花 3 000 元购买了一台手机，就是货币的流通手段。

贮藏手段是指货币退出流通，以社会财富的直接化身被贮藏起来的职能。执行贮藏手段的货币必须是现实的货币，并且是足值的货币。典型的贮藏手段是贮藏有内在价值的货币商品，如黄金或铸币。如今最普遍的货币存储方式是银行储蓄存款。当然，纸币的贮藏手段是有条件的，现代纸币属于信用货币，不能兑换金属货币，也和黄金储备没有法定关系，如果币值不稳定，存在贬值可能，其则丧失了价值贮藏的职能，而贵金属成为保值工具。在现代经济中，还可以通过持有债券、股票、房产等其他物品来实现贮藏手段。

支付手段是随着商品赊账买卖的产生而出现的。某些商品生产者在购买所需材料时没有货币，未来才具备支付能力；某些商品生产商又急需卖出生产的货物，这些赊销赊购的商业信用就是货币支付手段的起源。货币作为支付手段运用于缴纳税金、租金和发放公司等方面，超出了商品流通的领域。货币的支付手段克服了货币作为流通手段时要求"一手交钱，一手交货"的局限性，推动了商品流通的进一步发展。

世界货币是指货币在世界市场上作为一种购买手段、支付手段和社会财富的代表发挥作用，是货币的其他职能在国际市场上的延伸和发展。从历史上看，执行世界货币职能的货币，长期限于贵金属，即黄金。当前，一些币值比较坚挺的经济发达国家的纸币，如美元、欧元等，也在一定程度上起着世界货币的作用。

│财商任务单——分析货币职能│

分析表 2-1 所列举的经济活动，分别体现了什么货币职能，并进行填写。你还能列举出哪些你所观察到的经济活动？

表 2-1　经济活动

序号	经济活动	体现的货币职能
1	商场里一件衣服标价 300 元	
2	网上购买书籍支付了 80 元	

（续表）

序号	经济活动	体现的货币职能
3	农民用卖大蒜的 420 元支付年初购买化肥的钱	
4	公司本月共支付员工工资 86 000 元	
5	小明购买了茅台的股票并长期持有	
6	老干妈 2011 年出口量达 1 412 吨,创汇 500 万美元	

|财商任务单——认识世界货币|

货币是一个国家的象征,上面所印的人物、风景都代表一个国家。请自行搜索查询资料,填写完成表 2-2。

表 2-2　世界货币

币种	货币符号	代码	英文全称	货币主要图案	汇率(根据实时汇率填写)
人民币	￥	CNY	Chinese Renminbi	面值 100 元。正面为毛泽东同志中华人民共和国成立初期的头像。背面图案是人民大会堂	—
美元					1 美元＝6.482 3 人民币
欧元					1 欧元＝7.885 1 人民币
日元					
英镑					
港币					
韩元					

|财商任务单——我的金钱观|

从以下金钱观中选取一句最符合你对金钱的认识,或者自己提供一句有关金钱方面的名言或俗语,在学习小组中交流对于该观点的看法。

1. 钱乃万恶之源。

2. 钱财乃身外之物,不必追求,够用就行。

3. 君子爱财,取之有道。

4. 金钱不是万能的,但没有金钱是万万不能的。

5. 金钱能够买来食物,却买不来食欲;金钱能够买来药品,却买不来健康;金钱能够买来熟人,却买不来朋友;金钱能够带来奉承,却带不来信赖。

|财商任务单——金钱故事读与思|

金钱小故事 1:

法国著名的将军狄龙在他的回忆录中讲过这样一次恶战。他带领第 80 步兵团进攻一个城堡,遭到了敌人顽强抵抗,步兵团被对方火力压住无法前行。狄龙情急之下大声对他的部下说:"谁能炸毁城堡谁就能得到 1 000 法郎。"他以为士兵肯定会前仆后继,但是没有一位士兵冲向城堡。狄龙大声责骂部下懦弱,侮辱法兰西国家的军威。一位军士长听罢,大声对狄龙说:"长官,要是你不提悬赏,全体士兵都会发起冲锋的!"狄龙听罢,转发了另一条命令:"全体将士,为了法兰西,前进!"结果整个步兵团从掩体里冲了出来,最后,全团 1 194 名士兵只有 90 人生还。

讨论:为什么悬赏没有人愿意冲锋,而喊出"为了法兰西前进",士兵们却前赴后继,至生命于不顾地投入战斗?

金钱小故事 2:

漫山还是苞谷。张凌回到他曾经念书的小学,那里还是那么小。小学生共有 210 名,他们大部分是跟爷爷奶奶生活的。这里没有操场、没有图书室……学生们看着他,没有一个人说话。张凌捐了 3 万元给学校,让每 1 名学生有了 1 套校服、1 个新书包,还在学校一个小小的场地上捐建了篮球架。他还给全村 70 岁以上的老人每人 1 000 元,这是他从离家去读大学那天起就想实现的一个心愿。

直到 2017 年,这个村庄共 513 户、2 019 人,建档立卡贫困户还有 238 户、853 人,贫困发生率为 41.16%,远高于毕节市农村的平均贫困发生率。

"想了 3 天,想透了。"张凌决定回家乡。他发现,菁口村山地的海拔在 1 500 米左右,山地日照时间短,适合猕猴桃生长。他还知道市场上猕猴桃消费前景看好。这些因素集合起来,他选择了种植猕猴桃。"那就我种给大家看!"他挨家挨户宣传,终于组织起 32 户,种植了 270 亩地。

猕猴桃要 3 年才挂果。第二年还看不到收益,但木质的藤长起来了,漫山绿色。村民都惊诧:这东西在这里长这么好!还没挂果的绿色藤叶开始摇动村民的心。"我们不仅要搞好猕猴桃生产,更要有一支精干的供销队伍。"这是一支精干的供销队伍,不仅管"销",也管"供":村集体统一采购生产资料,可以节省成本;所有村民生产的农产品统购包销,有利于保障村民利益。即使有些村民还没有加入村集体合作社,也能通过这种机制受益。第一批 32 户的猕猴桃收获了,产量 2.1 万千克,销往北京、上海、浙江、山东还有本地,4 天就卖完了。张凌在讲习所里算给大家听:猕猴桃第四年一棵树最低可以收成 5 千克,每千克卖 4 元,一棵树就是 80 元。一亩地可以种 70 棵,就是 5 600 元。过几年就到了丰产期,一棵树摘 50 千克没问题,那一亩地就可以卖出 5.6 万元。

2019 年 11 月,张凌获共青团中央、农业农村部授予的第十一届"全国农村青年致富带头人"荣誉称号。2019 年年底,菁口村在鞭炮声中整村脱贫。

(资料来源:节选自人民日报,2020 年 10 月 20 日,有删改)

讨论:请分享你身边像张凌这样的人物故事,并谈谈你关于人生目标的看法。

金钱小故事 3:

张艺于 2016 年 9 月参加工作,她是贵州省思南县社会保险事业局的会计兼出纳。据检察机关指控,张艺工作不到一年即开始实施贪腐行为,案发时不过 25 岁的她,却已经涉嫌贪污了 40 余万元民生领域资金。

张艺作为财务工作人员,利用职务之便,张艺虚构了王某某等10人在思南县参加城乡居民社会养老保险的虚假事实,又以王某某等10人参加其他社会养老保险为由申请城乡退保,骗取社保资金,同时还侵吞了杨某某等89人退回的重复领取养老保险待遇金(含死亡超领),涉案金额共计40余万元。张艺是迄今为止贵州省铜仁市范围内查办的最年轻的职务犯罪被告人。

(资料来源:贵阳晚报,2018年7月30日)

讨论:为了一时的钱财,失去了职业道德,失去了宝贵的青春,值得吗?

话题二：人生如果活到80岁，靠劳动力赚钱有多少年

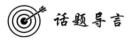 **话题导言**

小张同学说："我们现在十八九岁，正是青春年少求学时，踏踏实实学好自己的专业知识就好，想那么多干什么。"小赵同学说："我们埋头学习也要抬头看方向，思考当下学习对未来的生活工作的影响，才能学有所专、学有所长。做好人生不同阶段的规划，未雨绸缪才是最好的。"同学们，你们是怎么认为的呢？

 知识储备1：生命周期理论

生命周期的概念应用比较广泛，在心理学上主要是指人的生命周期。人的一生就是从出生、成长、衰老、生病到死亡的过程。因此，人从出生到死亡都会经历婴儿、童年、少年、青年、中年和老年六个时期。

人在婴儿期、童年期和少年期没有独立的经济来源，要依靠父母养育成长。其中，少年期是学习专业和技能的关键时期，这一阶段对未来的工作和生活奠定了基础。青年期和中年期是人生中体力和脑力的黄金时期，也是赚钱的黄金时期。

 拓展阅读

孔子曾对自己学习和成长的轨迹做了总结，随着年龄的增长，人的思想境界应该逐步提高。请结合孔子的学习和成长的轨迹进行思考，如表2-3所示。

表2-3　学习和成长的轨迹

年龄范围	成长里程	成长轨迹	使命	所拥有的	所换取的
1~14岁	生之初 明天赋	明确天赋优势 培育天赋模式	学习使命1 学习	时间 （青春）	经验 （学习能力）
15~29岁	十有五 志于学	确认专业方向 加速专家能力	学习使命2 专业	时间 （青春）	经验 （专业技能）
30~39岁	三十而立	形成专家能力 建立事业基础	物质使命1 事业 （婚姻家庭）	经验 （专业技能）	资本（金钱） （不能自由支配）

（续表）

年龄范围	成长里程	成长轨迹	使命	所拥有的	所换取的
40～49 岁	四十而不惑	形成财富基础 对物质不困惑	物质使命 2 财富 （子女养育）	经验 （专业技能）	资本（金钱） （逐渐可以 自由支配）
50～59 岁	五十而 知天命	精神追求起步 自我认知强化	精神使命 1 自我认知	资本 （可自由支配）	时间
60～69 岁	六十而耳顺	精神层次愉悦 心境平和强大	精神使命 2 内心平和强大	资本 （可自由支配）	时间
70 岁	七十而 从心所欲	身心灵皆合一 洞悉自然之道	精神使命 3 身心灵合一	资本 （可自由支配）	

 知识储备 2：个人（家庭）财富发展规律

人生的不同阶段，个人和家庭的财务情况有不同的目标。一般来说，个人（家庭）财富发展分为六个阶段：个人成长期、单身期、成家立业期、家庭成长期、家庭成熟期、退休衰老期。

1. 个人成长期

个人成长期即婴儿期、童年期和少年期，此阶段以求学、完成学业为目标。这一阶段需要依靠抚养人的养育，个人经济不能独立，要妥善运用零用钱。该阶段的重点在于要树立正确的消费观念。

2. 单身期

单身期一般在 18 岁至 30 岁。这个时期年轻人初入社会，刚刚开始参加工作，开始追求个人经济的独立。但此时经济收入比较低，开销大。生活中有很多需要花钱的地方，如要租房子、买衣服、谈恋爱、准备结婚等。比起不算丰厚的收入，支出的负担还是比较重的。但这个时期又往往是个人资金的原始积累期。因此，这一阶段要学会开源节流，打好经济基础。在应该在努力工作、扩大收入来源的同时，着重攒钱，为建立家庭做准备。由于年轻，抗风险能力较强，可以尝试拿出一小部分资金进行投资。

3. 成家立业期

成家立业期一般在 30 岁至 35 岁，是个人事业初步形成时期。在这一阶段，个人开始组建家庭，经济收入增加，生活趋于稳定。但伴随孩子的出生，家庭的经济负担开始加重，往往需要支付较重的家庭构建费用，如买房、买车和提高生活质量的家庭必需品。此阶段要根据各自不同条件和需求设置不同的理财目标。理财重点应放在合理安排家庭建设的费用支出上。尤其要合理规划房贷，让月供金额控制在经济能力可以承受的范围之内。

4. 家庭成长期

家庭成长期一般在 35 岁至 50 岁。人到中年，事业开始逐步走向成功，在收入增加的同时，日常支出也在增多。抚养孩子各类教育费用支出、买车、赡养父母等。这个时期首要任务是还清房贷,并根据自己的经济状况选择正确的理财方法,可以适当加大投资力度,为家庭储备未来的养老金。此时你是家庭经济收入的主要来源,理财应考虑搭配商业保险的寿险和意外险。

5. 家庭成熟期

家庭成熟期为 50 岁至 60 岁,随着子女自立能力的增强,子女经济开始独立。此时,自身工作经验丰富,家庭收入增加,支出减少,财务状况良好。这一阶段能更好地实现财富积累,最重要的是准备好养老金。在资产组合中逐渐减少风险型投资比重,增加安全型投资的比重,获取安全、稳定的投资收益。

6. 退休衰老期

退休衰老期在 60 岁以上,这个阶段子女都已成家立业,你应以安度晚年为主要的人生目标。进入退休衰老期,家庭的收入减少,保健、医疗等费用负担增加。个人对资金的安全性要求远高于收益性,因此,在资产配置上要进一步降低风险,减少风险型投资的比重,应以稳健、安全和保值的产品为主。

总而言之,人生的青年时期,理财着重攒钱,尝试投资,注重保障。中年期的理财重点是清偿债务,大力投资,注重保障。老年期的理财重点是保管好钱,少量投资,安全第一。提前做好人生每个阶段的规划,积少成多,才有助于理财目标的实现,给自己平稳、保障、高品质的人生。

|财商任务单|

根据所学的生命周期理论和个人(家庭)财富发展规律,结合以下案例展开讨论,出出主意吧!

案例1:小张高职毕业,刚参加工作,每个月工资 3 000 元。每个月的工资扣除房租、吃饭、电话等生活费,可以结余 1 200 元。小张父母有稳定的工作,不用小张赡养。小张 5 年内没有结婚的打算。那么,小张现阶段应该怎样打理自己的钱呢?

案例2:小王在物流公司上班,每月收入 5 000 元,收入稳定。但是小王一直没有什么存款,更别说投资了,他的工资差不多是月月光,有时候还要依靠信用卡和花呗透支过日子,是典型的月光族,小王如何才能摆脱现在的财务状况呢?

案例3:刘先生和陈女士结婚 3 年多了,两个人都是工薪族,工作稳定,手里有了些积蓄,两人想要贷款买房子。他们应该如何进行家庭财务规划呢?

案例4:刘先生和陈女士买房一年后,计划生孩子。在这一年中,刘先生升职为主管,收入有了明显的提高。在孩子出生后应该怎么规划家庭财务呢?

案例5:刘先生和陈女士结婚多年以后,家庭生活美满,两个人的事业也有所成就,收入有了大幅提高。孩子已经上小学了,这时候应该如何打理家庭财务呢?

案例6:刘先生和陈女士的孩子已经大学毕业了,参加工作且经济独立。家庭中已经没有任何债务,房贷已经还清。经过几十年的努力工作和投资理财,两个人为自己储备了养老金,准备退休。这一时期的家庭财务应该如何打理呢?

案例7:刘先生和陈女士已经双双退休,孩子已经成家,不仅经济独立,也很孝顺。刘先生和陈女士晚年的家庭财务应该如何打理呢?

知识储备 3：个人（家庭）财富发展涉及的规划

人生的不同阶段涉及方方面面的规划，提前做好准备，未雨绸缪，具体包括职业规划、消费和储蓄规划、债务规划、保险规划、投资规划以及退休规划，如表 2-4 所示。

表 2-4　财富发展涉及规划

规划名称	具体内容
职业规划	选择职业首先应该正确评价自己的性格、能力、爱好、人生观。其次要收集工作机会、招聘条件，确定自己的工作目标和实现目标的规划
消费和储蓄规划	必须决定在一年的收入中多少钱用于消费，多少钱用于储蓄。与此有关的是能编制个人（家庭）资产负债表、收入支出表
债务规划	要对债务加以管理，控制其在一个适当的水平上，且要尽可能降低债务成本
保险规划	主要考虑人身险和财产保险。为了应付疾病和其他意外伤害，需要配置人身险
投资规划	当收支结余，有积累的时候。可以寻找合理的投资，考虑兼顾投资的收益性、安全性和流动性
退休规划	退休规划主要包括退休后的消费和其他需求及如何在不工作的情况下满足生活消费需求

职业是指人们从事的比较稳定的有合法收入的工作，通常具备专业性、多样性和时代性的特点。

（1）专业性是指每种职业都有一定的技术含量和技术规范要求。人们在从事某一种职业前，一般要接受特定的专业知识教育，并进行专门的技能或操作训练。随着经济社会的发展，职业对专业技术的要求越来越高。

（2）多样性是指职业种类的丰富多样。随着社会分工越来越细，人们的生活需求越来越丰富，职业种类也越来越多，呈现出多样化的特点，为我们规划自己的未来提供了更为广阔的空间。

（3）时代性。职业的产生和演变与时代的发展和变化紧密相关。当下，随着信息技术数字化的不断发展，催生了一批批新的职业，而一些传统的职业则不断地被淘汰。这也就要求我们要不断更新自己的知识和技能，适应社会的需求和时代的发展。

 知识拓展

2015 版《职业分类大典》延续职业分类的大类、中类、小类和细类结构，细类是最基本的类别，即职业。调整后的职业分类结构为 8 个大类、75 个中类、434 个小类、1 481 个职业。与 1999 版相比，维持 8 个大类不变，增加 9 个中类，21 个小类，减少 547 个职业（新增 347 个职业，取消 894 个职业）。新增职业包括"网络与信息安全管理员""快递员""文化经纪人""动车组制修师""风电机组制造工"等。取消职业包括"收购员""平炉炼钢工""凸版和凹版制版工"等。

职业对于我们每一个人都有着重要的意义。它是我们的谋生手段,是我们生存和发展的主要经济来源。职业也是我们与社会进行交往的重要渠道,它可以让我们保持与社会的联系,不会脱离社会。同时,职业也是我们实现人生价值的舞台,它给每一个从业者都提供了实现理想的舞台。职业也是我们为社会创造财富的途径,使我们在工作中对社会有所回报并为社会创造财富。

人力资源社会保障部关于表扬中华人民共和国第一届职业技能大赛获奖选手和为大赛作出突出贡献的单位的通报

人社部函〔2021〕15 号

各省、自治区、直辖市及新疆生产建设兵团人力资源社会保障厅(局),国务院有关部门、有关行业组织人事劳动保障工作机构:

2020 年 12 月 10 日至 13 日,中华人民共和国第一届职业技能大赛(以下简称"第一届全国技能大赛")在广东省广州市成功举行。根据有关规定,我部决定:

一、对在第一届全国技能大赛中获得单人赛项前 5 名、双人赛项前 3 名和三人赛项前 2 名的选手,经人力资源社会保障部核准后,符合条件的授予"全国技术能手"称号,相关名单另行发文公布。

二、对在第一届全国技能大赛中获得金牌、银牌、铜牌及优胜奖的 1 302 名选手,予以通报表扬,并按有关规定由相应职业资格实施机构或职业技能等级认定机构为其晋升技师(二级)职业资格或职业技能等级,已具有技师(二级)职业资格或职业技能等级的晋升高级技师(一级)。

三、对在第一届全国技能大赛中获得参赛队最佳奖的 36 名选手,予以通报表扬。

四、对在第一届全国技能大赛中获得西部技能之星的 13 名选手,予以通报表扬。

五、对在第一届全国技能大赛中作出突出贡献的单位和在开展赛前选拔集训、参赛组织工作中表现突出的单位,予以通报表扬。

希望受表扬的单位和个人珍惜荣誉、戒骄戒躁、再接再厉,切实发挥示范引领和表率作用,进一步激发广大技能从业者崇尚先进、学习先进、争当先进的热情。希望广大企业职工和院校师生向获奖选手学习,刻苦钻研技术,学以致用,知行合一,争做国家经济建设需要的高技能人才。希望各地、各部门深入贯彻落实习近平总书记对技能人才工作的重要指示精神和致首届全国职业技能大赛贺信精神,大力弘扬劳模精神、劳动精神、工匠精神,激励更多劳动者走技能成才、技能报国之路,为全面建设社会主义现代化国家提供有力人才保障。

(资料来源:中华人民共和国人力资源社会保障部官网,2021 年 2 月 5 日)

思政 点睛

2021 年,习近平总书记对职业教育工作作出重要指示,在全面建设社会主义现代化国家新征程中,职业教育前途广阔、大有可为。各级党委和政府要加大制度创新、政策供给、投入力度,弘扬工匠精神,提高技术技能人才社会地位,为全面建设社会主义现代化国家、实现中华民族伟大复兴的中国梦提供有力人才和技能支撑。

职业规划是规划我们自己的未来。我们要以自身的特点为规划的出发点,明确自己的理想和志向,确定自己的职业发展目标。只有明确了自己未来想从事什么,才能作出适合自己的职业生涯规划。同时,我们要了解自己的特点、优势、兴趣和不足。制定职业生涯规划时,要与自己的性格、能力和特长相结合。我们应立足整合人生来思考、规划自己在校园里的生活和学习,把自己的职业生涯规划与未来的人生发展紧密结合起来。

职业规划要充分考虑到自己的专业优势,掌握专业核心技能。作为职业院校的学生,我们不仅要学好专业知识,还要练好专业技能,为将来的职业发展打下基础。职业规划要突出实践性的导向,了解职业从业者需要具备的素质和能力,完成所学专业与未来职业的接轨,使自己一旦就业上岗,就是相对成熟的职业人、相对熟练的技术工人,把自己培养成合格的"准职业人"。

|财商任务单——我的职业规划|

这是一张会计专业学生给自己的职业规划(见表2-5)。请同学们动动手也来填写自己的职业规划吧(见表2-6)。说说自己就读的专业与未来职业的关系,分析从业需要的证书、技能和素养,并分析如何实现,进一步规划自己在校三年的学业生活。

表2-5 职业规划

我的专业名称	会计
我的未来想从事职业	中小企业的会计或出纳
在校考取证书	初级会计师资格证、普通话(二乙及以上)、计算机二级
从业所需技能	熟悉各类票据、熟练操作电算化软件、office办公软件
从业所需素养	细致严谨、擅于沟通
在校期间安排	从第一学期开始担任班级生活委员; 每年参加学校会计技能大赛取得好的名次,最好能取得参加省赛的资格; 每个学期考试能拿奖学金,第二学期开始备考初级会计师; 参加学生会的管理工作,加强自己沟通协调的能力
未来职业规划	毕业时拿到相应的证书,尤其是初级会计师资格证,找到一家中小企业从事会计工作; 毕业后用3年的时间熟悉从事的岗位工作,能独立完成记账、报表出具和申报纳税整套财务工作; 毕业后3~5年,业务上更进一步,能进行公司财务分析,提升自己财务管理的能力。同时考取中级会计师资格证书; 毕业5年后,成为公司会计主管

表 2-6　我的职业规划

我的专业名称	
我的未来想从事的职业	
从业所需证书	
从业所需技能	
从业所需素养	
在校期间安排	
未来职业规划	

话题三：钱是赚出来的，还是省出来的

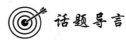

话题导言

小吴说："钱肯定是赚出来的啊。赚不了钱，你怎么省都不可能省出钱来。我爸爸就经常说会花钱的人才会赚钱。只有体会了花钱的爽快，才有动力去赚钱呢。"小陈说："我不同意，如果不节省，有更高的收入就更容易催生更高的支出。我妈妈说钱赚不完，但是花得完。会省就当赚了。"同学们，你们是怎么看待这个问题的呢？请分享你的看法吧。

知识储备1：收入

取得收入是财富获取的起点。收入包括工资、奖金、津贴、补贴；存款及利息、有价证券及红利；租赁、馈赠、继承收入和特许权使用收入；赡养费、扶（抚）养费；兼职收入、自谋职业收入、偶然所得、其他通过劳动所得合法收入。

收入可以归类成以下几种取得方式，如表2-7所示。

表2-7 收入来源及取得方式

收入来源	取得方式
工作工资、奖金、津贴、兼职收入	挣得的
比赛奖金	赢得的
红包、馈赠	赠予的
股票、基金、租赁	投资的
中彩票	意外收入
遗产、继承收入	继承的

小思考

上述金钱取得的方式哪些是经常的、可获取的，哪些方式是偶然的？

思政 点睛

"民生在勤，勤则不匮"。党的十八大以来，习近平总书记在多个场合都表达过尊重劳动、尊重人才的理念。他强调，要在全社会大力弘扬劳模精神、劳动精神，大力宣传劳动模范和其他典型的先进事迹，引导广大人民群众树立辛勤劳动、诚实劳动、创造性劳动的理念。全社会都要以辛勤劳动为荣、以好逸恶劳为耻，任何时候任何人都不能看不起普通劳动者,都不能贪图不劳而获的生活。

 知识储备 2:支出

支出包括衣食住行中的方方面面,可以分为固定开支和非固定开支,以了解支出的总体情况。

固定开支是指在一定时期内数目基本不变、无可省略的费用,如房租、水费、电费、通信费、交通费、房贷和车贷等。即使是在没有收入的情况,这些固定支出仍然需要支付才能维持生活。

非固定开支是指在一定时期内要用,但"弹性系数"较大的费用,如文化娱乐、聚餐玩乐、旅游等。

 知识储备 3:储蓄

随着生产的发展和人民生活水平的不断提高,储蓄指导人们有规划地安排生活,提高消费质量,丰富消费内容的作用越来越明显。

财富就像一条河流,流入的水是收入,流出的水是支出,存储下来的才是财富(见图 2-4)。因此收入并不等于财富,高收入高支出的情况下是不能存储财富的。开源节流、量入为出,都是想方设法增加储蓄积累财富。想要积累财富就一定要养成量入为出的习惯,否则再高的收入都可能挥霍殆尽。要利用开源节流的原则增加收入,节省支出,用最合理的方式来达到一个家庭所希望达到的经济目标。

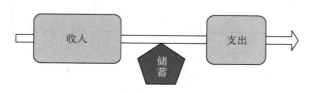

图 2-4　储蓄

储蓄财富需要,能有效合理地处理和运用钱财,让自己的钱财花费发挥最大的效果,以达到最大限度地满足日常生活的需要和加大抵御风险的能力。2020 年 12 月,吴晓波频道的晓报告"假如你不工作,生活水平想要维持现状,可以坚持多久?"调查问卷指出,有44.8%的受调查者表示只能维持 6 个月及以内,如图 2-5 所示。储蓄是利用余钱投资,产生投资收益。

思政 点睛

2017 年 6 月 23 日,习近平总书记在深度贫困地区脱贫攻坚座谈会的讲话中指出,要弘扬中华民族传统美德,勤劳致富,勤俭持家。

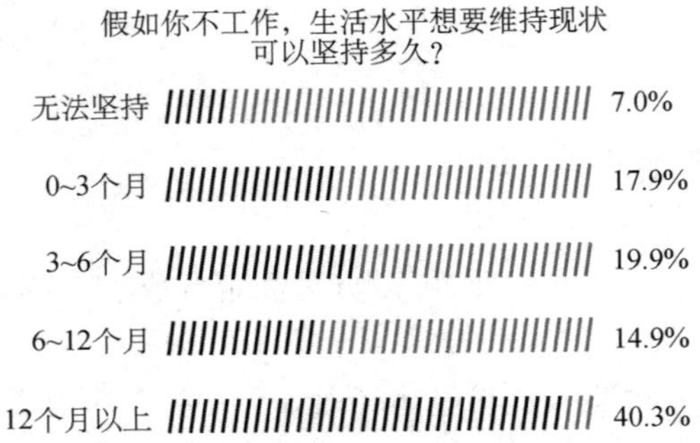

假如你不工作，生活水平想要维持现状
可以坚持多久？

无法坚持 |||||||||||||||||||||||||| 7.0%

0~3个月 ||||||||||||||||||||||||||| 17.9%

3~6个月 ||||||||||||||||||||||||||| 19.9%

6~12个月 |||||||||||||||||||| 14.9%

12个月以上 ||||||||||||||||||||||||||||||| 40.3%

图 2-5　不工作维持生活水平调研情况

|财商任务单——我的工作经历|

同学们，你们是否有过兼职的经历呢？填写表2-8，回顾一下自己赚钱的过程吧。记录后，请记得与同学分享交流。

表 2-8　工作经历

工作名称	
工作地点	
工作时长	
工作内容	
算算我挣了多少钱	
工作期间我有什么感受	
这份工作和你原本想象的一样吗	
用自己赚的钱，有什么感受	

|财商任务单——爸爸妈妈的工作|

当我们穿着干净整洁的衣服，坐在明亮宽敞的教室，认真学习专业知识和技能的时候，我们的父母为了每月按时给我们寄生活费在认真工作。请同学们去了解自己父母的劳动和工作，感受父母是通过怎样的辛勤劳动带给我们稳定的生活。

|财商任务单——制订生活开支计划|

让我们做一个本月的开支计划，月末再根据自己实际发生的开支进行对比。看看哪些开支是超出了计划之外的。思考这些开支是不是都是合理的、必需的，并简要分析怎样制订计划更合理。

话题四：每个月的开销情况你知道吗

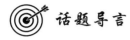

话题导言

　　上大学是小曾同学第一次离开父母的身边。小曾知道父母的工作不易，父母给的每一笔钱都用得很小心。她下载了记账类 App，记录自己的每一笔收入和支出，尝试分析自己的开销情况，尽量能有所积蓄。参加工作后，小曾不再向父母要钱，安排好自己的开销后，每月还能有结余进行理财产品的投资。小曾说生活是理出来的，钱也是理出来的。同学们，你们清楚自己的开销状况吗？

家庭财务报告

知识储备 1：个人（家庭）资产负债表

　　个人（家庭）资产负债表反映了个人资产和负债在某一时点上的基本情况。它能帮助我们厘清自己的财务状况，进而规划投资和决策。个人（家庭）资产负债表的列报项目并没有严格的要求，可以根据自己的实际需要编制适合自己的表格。我们以表 2-9 为例说明通常包括的内容。

表 2-9　个人（家庭）资产负债表

项目		金额
流动资产	现金	
	活期存款	
	定期存款	
	货币基金（余额宝）	
	基金	
	股票	
	债券	
实物资产	自住房	
	投资房地产	
	收藏品	
	其他	
	资产总计	

（续表）

项目		金额
负债	信用卡透支	
	消费贷款（花呗、借呗、白条）	
	汽车贷款	
	住房贷款	
	其他借款	
	负债总计	
净资产（总资产－总负债）		

知识储备 2：个人（家庭）收入支出表

个人（家庭）收入支出表同样是一个重要的财务分析工具，可以帮助自身了解收入和支出信息。收入－支出＝结余。这里的结余就是我们一直强调的储蓄的来源。

下面是王青一家当月的收入明细，通过表 2-10 你们知道了什么？

表 2-10　王青一家当月收入明细表

收入项目	金额（元）
王青爸爸的工资	6 500
王青妈妈的工资	4 500
银行理财收入	100
旧房出租收入	1 200
总计	12 300

王青一家当月支出的明细如表 2-11 所示，结合表 2-10 进行分析，看看王青一家的收支情况。如果王青家想多结余一些钱，能不能给他们一些建议呢。

表 2-11　王青一家当月支出明细表

支出分类	家庭支出项目	金额（元）
房屋及固定支出	房贷	1 800
	物业费	120
	宽带及电话费	600
	水电气费	280
	王青学校生活费	1 000

（续表）

支出分类	家庭支出项目	金额（元）
日常生活开支	食品	2 500
	服饰费	600
	交通费	350
家庭成员发展	王青考取驾照	2 500
其他	人情往来红包费	300
	赡养父母	800
	同事聚餐	500
	周末一家人近郊游	200
总计		11 550

 知识储备 3：记账的方式和意义

记账的关键作用在于提前计划好自己的开支，控制自己的开销，合理地进行节流，以更好地规划未来，合理地进行每个月各项开支的预算。每个月严格按照预算进行消费，持之以恒就能有所结余。将结余的钱攒下来进行理财投资，时间久了，资产就会越来越多。这样才是一个健康的现金流应该有的样子。

1. **坚持记录**

坚持是记账的基础，只有足够全面地记录收支数据，才能发现自己花钱不合理的地方。记账软件为我们数据的搜集、整理和分析提供了便捷和可靠的基础材料。同学们可以尝试运用一款记账软件，坚持记录自己的收支情况，如随手记 App、挖财记账 App 等。迈出理财第一步，从记账开始。

2. **学会归类总结**

要学会归类总结。归类的账目需要清晰反映各项开支占比的大小，做到花钱心中有数。

3. **规划预算合理投资**

通过记账，我们可以对日常各类开销了然于胸，就可以提前规划预算，避免冲动消费。在此基础上，我们才能了解自己每个月还有多少钱可以拿去投资理财，这样既能合理消费也能合理投资。

 知识储备 4：个人（家庭）财务情况的常用指标

1. **结余比率**

结余比率是一定时期内（通常为一年）结余和收入的比值，它主要反映个人家庭净资产的水平。其公式为:结余比率＝结余÷税后收入。与之对应的是月结余比率。通过衡量每月现金流状况反映财务状况。月结余比率的参考数值为 0.3 左右。

生活中一定要重视结余比率,这是财富积累的关键所在。它的意义不在于当下存了多少钱,而是可以让你形成把未来和金钱统一成一个整体的观念。它可以让你养成储蓄的习惯,刺激获取财富的欲望,激发对未来美好生活的追求。同时,结余能够增加财务上的安全感。

对于刚进入工作岗位或习惯了"月光"的同学,结余是迈出理财的第一步,每个月能够把收入的 10%～30%强制储存,日积月累,就会发现自己积累了一笔可观的财富。

2. 投资与净资产比率

除了收支结余,投资收益是提高净资产水平的另一条重要途径。然而投资必然伴随风险,投资规模越大,面临的资产损失风险就会越高,因此,投资和净资产比率必须保持在一个合理的水平,既不能过高也不能偏低。一般来说,投资与净资产比率保持在 50%是比较适宜的水平,既可以保持合适的增长率,又不至于面临过多的风险。就刚毕业的同学们而言,其投资规模受制于自身较低的投资能力,一般在 20%左右就可以了。随着投资经验的丰富,可投资金额的增加,可以适当地增加投资比率。但是总体也不要超过 50%。

3. 负债比率

负债比率是家庭中负债总额与总资产的比值,用来衡量家庭的综合偿债能力。

其计算公式为:负债比率$=\dfrac{负债总额}{总资产}\times100\%$。

例如,所购房屋总价值为 90 万元,首付支付了 20 万元,剩下的贷款为 70 万元。负债比率$=\dfrac{70}{90}\times100\%=77.78\%$。

一般来说,负债比率控制在 50%以下。家庭总体负债比率超过 50%家庭负债的风险会比较高。

|财商任务单——我家的收支情况|

了解家庭的收入支出情况,并填写表 2-12。计算家庭结余的情况,从开源节流的角度,尝试梳理一些提高家庭结余的建议。

表 2-12　收支情况

	项目		金额(元)	占总收入比例
一、收入	工资和薪金			
	投资收入	利息		
		租金		
		其他		
	其他收入			
	总收入			

（续表）

项目		金额(元)	占总收入比例
房子	贷款		
汽车	贷款、汽油、维修、保险,过路费		
日常生活开支	水电气、房租		
	通信费		
	交通费		
	日常生活用品		
	餐饮		
	服装		
	其他		
医疗费用			
休闲娱乐			
护理化妆品			
总支出			
结余(超支)			

二、支出

话题五：今天花明天的钱，你算清楚了吗

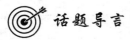

话题导言

小胡是个"购物狂"，成天忍不住就想购物，网购不仅可以先消费后付款，还能分期付款。小胡本来认为一条裙子 400 元挺贵的，但是分期 10 个月后，每个月本金只用还 40 元，利息只用还 3 元，瞬间小胡觉得裙子一点也不贵，立马就买下了。同学们，请问这样的消费真的划算吗？同学们，你们有没有这样的经历呢？

知识储备 1：消费贷款的计算

消费贷款计算

我们通过信用额度能轻松地消费和购物，如使用信用卡、花呗、白条等。使用信用消费，如果规划得好，能够为生活带来便利。因为信用消费有一定额度，使用额度消费后有"免息期"，相当于发卡行向消费者发放了一笔无息贷款。例如，小王本月想要买台空调，他从本月工资中准备了 3 000 元作为购买空调的资金，在使用信用卡支付后，这 3 000 元就被省下来了。他将这 3 000 元存入货币基金 40 天获得了 10 元的利息，在还款日前完成赎回并进行还款就可以了。

在信用消费中，大额消费支持最低还款或者分期付款，分期费用一般被称为"手续费"。例如，某人从花呗借了 2 916.79 元的本金，分 12 期偿还，一年共收取总手续费 256.69 元（见图 2-6）。我们并不能简单地用 256.69 元除以 2 916.79 元得到年化利率 8.8%。

图 2-6　分期还款

我们先来认识一下 RATE 函数。RATE 函数基于等额分期付款的方式,返回某项投资或贷款的实际利率。在我们的实际生活中,收益的计算并不是开始一笔钱、结束一笔钱这么简单,往往在这期间会在多个时间点发生资金流入和流出,每个时间点的资金变化都需要考虑它的时间价值。在上述例子中,我们可以看到,每个月固定还款 264.45 元,除第一个月外,还款期间的每一期本金一直在偿还,但是利息一直按原本金计算归还。我们可以在 Excel 表格中通过 RATE 函数计算出实际的年化利率,约为 15.86%。如图 2-7所示。

	A	B	C
1	贷款期限(月)	nper	12
2	每月支付(元)	pmt	-264.45
3	贷款额(元)	pv	2916.79
4	贷款月利率	RATE(nper, pmt, pv, [fv], [type], [guess])	1.32%
5	贷款年利率	RATE(nper, pmt, pv, [fv], [type], [guess])*12	**15.86%**

图 2-7　消费贷款年化利率计算

这样计算下来,同学们会发现这些分期利率的确很高了。因此,大家使用信用卡、花呗、白条等信用额度类产品时,尽量少用"账单分期""最低还款"等服务,不要年纪轻轻就沦为债务的奴隶。花呗报告显示,90 后占花呗用户的 47.25%,平均每 4个 90 后中就有 1 个人会开通花呗。人的欲望会像滚雪球一样越滚越大,更可怕的是,当野心和能力严重不匹配时,"超前消费"就成了一种灾难。

 小思考

认真思考一下在我们消费时,遇到过哪些"账单分期"的方式。请动手计算其实际贷款利率。

除了信用额度类产品,大家接触比较多的还有借款服务类的品种,如借呗、微粒贷、美团借贷等。它的主要特点是:放款即计息,通常以"日利率"展示借贷成本;借款体现在征信上,借贷多容易影响到个人在银行的资质。这一点我们将在"征信与诚信"主题中详细为大家作介绍。

我们来看借贷成本,这类借款产品大多以"日利率万 X"计息。就拿借呗来说,"日利率万 5"的实际年化利率是多少呢? 相当于 10 000 元用一天利息为 5 元,一年的利息就是 $5 \times 365 = 1\ 825$ 元,年化利率为 $1\ 825 \div 10\ 000 \times 100\% = 18.25\%$,对比银行的一年期贷款基准利率 4.75%,这个利率水平就很高了。

知识储备 2：房贷计算

当前购房已经成为每个家庭的一桩大事，它影响着我们生活资金的流动和规划。房屋的购买大多采用贷款的方式，每个家庭根据自己的实际情况和还款能力，选择合理的还款方式和还款金额，这对整个家庭的资金规划有着非常重要的意义。

房贷又称为房屋抵押贷款。首先，房贷的申请需要向贷款银行填报房屋抵押贷款的申请表，提供身份证、收入证明、房屋买卖合同、担保书等证明文件。其次，银行审查合格后向购房者承诺贷款，并根据购房者提供的房屋买卖合同和银行与购房者所订立的抵押贷款合同，办理房地产抵押登记和公证。最后，银行会在合同规定的期限内把所贷出的资金直接划入售房单位的账户上。

房屋贷款期限最长不超过 30 年。二手房公积金贷款不超过 15 年，贷款额度是房屋评估值的 70%。贷款利率按照中国人民银行规定的同期同档次贷款利率执行，基准年利率根据贷款年限有所变化。

房贷还款的模式有两种方式，即等额本息和等额本金。不同的还款方式是根据人们不同收入、不同年龄和不同消费观的不同需要而设定的。

1. 等额本息

等额本息是指每月以相同的金额偿还贷款本息。虽然每个月还款金额是相同的，但是所含的本金和利息的比例不同。初期所还部分利息占较大的比例，而贷款本金所占比例较低。等额本息的还款方式操作简单，金额固定，有利于合理安排生活开支。对于刚参加工作的年轻人来说，这种方式可以减少前期的还款压力，但是总体支付的利息比等额本金的高，不适合有提前还款打算的人士。其公式如下：

$$月还款额 = 贷款本金 \times \frac{月利率 \times (1+月利率)^{还款月数}}{(1+月利率)^{还款月数} - 1}$$

2. 等额本金

等额本金是指每月偿还相同金额的本金，由于剩余本金减少，利息也逐月减少，因此每月的还款金额也相应递减。等额本金的还款方式总体还贷利息较少，适合有一定积蓄的家庭。

$$月还款额 = \frac{贷款本金}{还款月数} + (本金 - 已归还本金累计额) \times 月利率$$

为了方便计算，我们可以在微信小程序上搜索"房贷计算器"，录入相应数据计算出房贷还款金额。例如，购买一套房子，商业贷款 40 万，贷款 20 年，商贷利率为 4.9%，采取等额本息方式，每个月固定还款 2 617.78 元，利息总额为 228 266.29 元；采取等额本金方式，利息总额为 196 816.67 元，一开始偿还 3 300 元，后逐月减少，到最后一期只需要支付 1 673.48 元，如图 2-8 和图 2-9 所示。

图 2-8　等额本息还贷方式

图 2-9　等额本金还贷方式

 知识储备 3：汽车消费贷款计算

　　汽车消费贷款（以下简称"车贷"）是指贷款人向申请购买汽车的借款人发放的贷款。汽车消费贷款是银行对在其特约经销商处购买汽车的购车者发放的人民币担保贷款的一种新的贷款方式。汽车消费贷款期限一般为 1～3 年，最长不超过 5 年。其中，二手车贷款的贷款期限（含展期）不得超过 3 年，经销商汽车贷款的贷款期限不得超过 1 年。

购车的贷款也可以通过搜索"车贷计算器"进行计算。例如,购买 15 万元的车,首付 30%后,贷款 3 年,年贷款利率为 4.75%,每月大约还贷 3 135 元,如图 2-10 所示。

图 2-10　车贷计算

算一算:

吴先生购买 12 万元的新车,首付 50%,贷款利率为 5.1%,2 年还清,请查询"车贷计算器",看看吴先生每个月还款金额是多少。

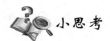 **小思考**

杨天天毕业 3 年,存了 10 万元。他现在特别纠结,不知道是先买房还是先买车。你给杨天天的建议是什么,为什么这样建议?请和身边的同学一起讨论一下吧。

|财商任务单——房贷的计算|

1. 郑女士最近购买了一套总价 40 万元的新房,首付 10 万元,商业贷款 30 万元,期限 20 年,年利率为 4.8%,如果采用等额本息方式还款,每个月的还款额为多少元?利息总额为多少元?

2. 王先生夫妇二人,月收入合计 13 600 元,他们看好了一套房,房屋总价 120 万元,规划首付 40 万元,公积金贷款 30 万元,商业银行贷款 50 万元,规划贷款 20 年,其中公积金贷款利率为 3.9%,商业银行贷款利率为 5.1%。求每月月供多少元?等额本息计算。请问是否超过了负担能力。

3. 拓展问题:

(1)你知道贵阳市公积金贷款额度上限是多少吗?

(2)贵阳市家庭购买第二套住房和首套住房首付比例有何不同?

（3）贵阳市家庭购买第二套住房和首套住房贷款利率有何不同？

（4）你能说说等额本金和等额本息这两种还款方式适合什么样的人或家庭吗？

|财商任务单——0 首付购车划算吗|

　　同学们，看到类似"0 首付购车"的广告是否觉得很动心呢？"0 首付"给人一种感觉，即不需要首付就可以把心爱的车子开回家了。但是，根据《中国人民银行　中国银行业监督管理委员会关于调整汽车贷款有关政策的通知》（银发〔2017〕234 号）的规定："自用传统动力汽车贷款最高发放比例为 80%，商用传统动力汽车贷款最高发放比例为 70%；自用新能源汽车贷款最高发放比例为 85%，商用新能源汽车贷款最高发放比例为 75%；二手车贷款最高发放比例为 70%。"

　　"0 首付购车"究竟是怎么回事？请同学们搜索查询关于"0 首付购车"的案例，记录下来，用我们所学的知识进行计算车贷。请与身边的同学一起讨论吧。

主题三 理性消费

学习导航

知识目标：

1. 认识马斯洛的需求层次理论

2. 了解商品概念及购买动机

3. 了解网络信贷对消费的影响

能力目标：

1. 提高对消费的认知，能够对自己的购买行为作出合理计划

2. 能够识别常见的营销方法，正确看待自己购买的商品

思维导图

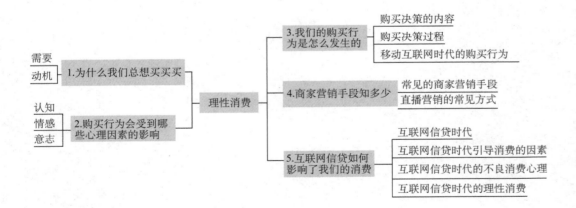

话题一：为什么我们总想买买买

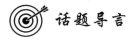 **话题导言**

小张同学是个购物达人，总是喜欢不停地买买买，无论是食品还是衣服，还是生活日用品，似乎她总是能找到需要购买的东西，现在网购也极为方便，她随时可以买买买。小张同学表示，买东西是一件让她极其开心的事情，但小张同学也发现有些买来的东西几乎没有用过。你是否也有类似的情况呢？回想一下，我们购买的物品都是必要的吗？哪些因素导致了我们的购买行为呢？

 知识储备 1：需求

需求就是我们感觉缺乏某种东西时，产生欲求的主观状态，是我们客观需求的主观反映，它反映了我们生理和心理上的匮乏。需求是和我们的活动紧密联系在一起的，购买商品，接受服务，都是为了满足一定的需求。旧的需求满足后，又会产生新的需求。因此，我们的需求不会有被完全满足和终结的时候。需求是推动我们进行各种购买行为的内在原因和根本动力。

需求不仅仅只是物质上的需求，还包括精神上的需求，如对知识、艺术、审美、道德、自尊、自我实现的需求。根据需求的层次，美国的心理学家马斯洛把需求划分成了更加细致的不同层次，即生理需求、安全需求、社会需求、尊重需求、自我实现需求等类别，如图 3-1 所示。

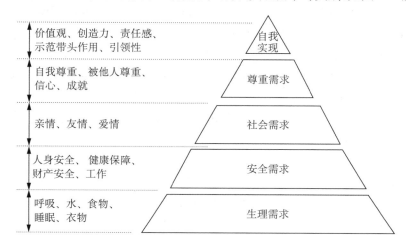

图 3-1　马斯洛需求层次理论

1. 生理需求

维持个体生存和人类繁衍而产生的需求，如对食物、氧气、水、睡眠等的需求。

2. 安全需求

在生理及心理方面免受伤害，获得保护、照顾和安全感的需求，如希望身体健康及获得安全、有序的环境，稳定的职业和有保障的生活等。

3. 社会需求

社会需求即归属和爱的需求。希望给予或接受他人的友谊、关怀和爱护，得到某些群体的承认、接纳和重视，如乐于结识朋友、交流情感、表达和接纳爱情，融入某些社会团体并参与他们的活动。

4. 尊重需求

尊重需求，即希望获得荣誉，受到尊重和尊敬，博得好评，得到一定社会地位的需求。自尊的需求是与个人的荣辱感紧密联系在一起的，它涉及独立、自信、自由、地位、名誉、被人尊重等多方面的内容。

5. 自我实现需求

自我实现需求，即希望充分发挥自己的潜能，实现自己的理想和抱负的需求。自我实现是人类最高级的需求，它涉及求知、审美、创造和成就等内容。

需求是存在差异性的。每个人的收入水平、文化程度、价值观念、审美标准、性格、爱好、年龄、职业和生活习惯等都存在着不同，因此每个人对消费品档次、质量、花色和规格方面的需求也是不一样的。随着人们生活水平提高，消费心理不断成熟，经历了"基本追求""求同""求异""优越性追求""自我满足追求"的变化发展，消费品的发展趋势呈现出多样化、个性化特征。

 小思考

你在购物时，有没有产生过避免和他人"雷同"的心理，是否追求过个性化的东西？

我们的需求也在不断发展变化。随着社会生产力和社会经济的发展以及人民生活水平的不断提高，人们对商品和服务的需求从数量、质量、品种等方面都在发生变化。从马斯洛需求层次理论来看，当满足了低层次的需求后，人们会向更高层次的需求逐渐延伸和发展。随着消费者收入的增加，生存消费所占的比重会出现下降趋势，而享受型和发展型消费所占比重趋于上升。从各种消费的支出比例来看，食品消费的支出比例趋于降低，而非食品类消费的支出比例趋于上升。这也是我们在主题一中提到的恩格尔系数。

思政 点睛

党的十九大报告明确指出："中国特色社会主义进入新时代，我国社会主要矛盾已经转化为人民日益增长的美好生活需要和不平衡不充分的发展之间的矛盾。"这是以习近平同志为核心的党中央牢牢把握我国社会发展的阶段性特征，准确定位我国发展新的历史方位，对我国社会主要矛盾的新变化作出的科学判断。

需求还具有伸缩性。我们的需求满足是有一定弹性的，在一定的条件下也会发生变化。影响我们消费需求的因素，除了商品的价格、市场供应、广告宣传和销售服务等外部

因素,也和我们的需求强度、购买能力、情绪状况等内部因素有关。一般来说,我们对生活必需品(柴米油盐、学习用品、保暖衣物)的需求伸缩性比较小,大部分情况下,这类产品我们都会选择购买,而我们对于奢侈品、装饰品、高档耐用消费品等非生活必需品的需求伸缩性比较大,即可买可不买。

除了上述提到的需求的差异性、发展性、伸缩性外,我们的需求还具有以下特点:周期性,即某些消费并不是一次性满足的,会反复出现,如购买季节性的产品;补足性,如我们买了一条好看的裙子,会开始思考配什么样子的衣服、鞋子和包,又有了新的需求目标;潜在性,指我们有时并不明确自己的需要,但会受到广告宣传的引导产生冲动型消费。

 知识储备 2:动机

购买动机
及其分类

购买动机就是为了满足一定的需求,引起人们购买某种商品或劳务的愿望或意念,因此购买动机是在需求的基础上产生的,并指向特定的目标,引发购买行为。

由于人的生理需求和心理需求密切联系且复杂多样,支配某种购买行为的购买动机往往不是单一的,而是混合的,从而形成一个动机体系。如果这些动机方向一致,就会更有力地推动其购买行为的进行。如果这些购买动机相互矛盾或抵触,消费者能的购买行为就取决于倾向购买与阻碍购买两种动机力量的对比。如果消费者在买或不买之间犹豫,外界因素的参与就会起决定作用,如营业员的诱导和服务。同样,这种动机冲突也常常发生在我们对某两种或几种商品进行选购的时候。各种交织着起作用的购买动机往往具有不同的特点,有的是主导性的购买动机,有的是辅助性的购买动机;有的购买动机是明显的、清晰的,有的购买动机则是隐蔽的、模糊的。

 案例分析

"哈根达斯现象":同样的消费行为,不同的消费动机

在现代中国的零售世界里,很多进口商品的价格远超其他国家。一杯星巴克的咖啡究竟该卖多少钱? 星巴克咖啡为什么在中国卖得比美国还要贵呢? 在美国,星巴克只是一个快餐式消费品牌,其消费者也只是普通大众。而在中国,星巴克的主力消费者是追随西方文化的都市年轻白领。这两群消费者虽然消费同样的产品,但在各自社会结构中所处的位置不同,看待这一消费行为的方式也不同,去星巴克喝杯咖啡这件事有着不同的社会学意义。

这一差别在商业上引出了两种后果:第一,两国消费者的地理分布不同,中国的星巴克消费者更多地集中在白领聚集的大城市,特别是受西方文化影响更大的沿海大都市的中心商业区,这意味着更高的店铺租金;第二,中国消费者为这项消费行为赋予了更多文化意义,包括文化认同、自我身份定位和个性彰显,而这些意义的实现更多地依赖在店消费,而非仅仅买走一杯咖啡。或许我们可将其称为"哈根达斯现象"。哈根达斯在美国只是个普通大众品牌,与奢侈无关,但在中国,由于被新潮白领选中而身价倍增。

当前,商品要与被视为更高阶层的身份匹配,才能获得"哈根达斯溢价"。例如,自行车作为代步工具时,会被视为与低收入相关联的元素;而它作为健身工具时,就有可能代表高端的元素。

在全球化时代,随着消费模式在不同文化间传播,"哈根达斯现象"不会少见。从喜欢以某种方式喝咖啡的某甲,到喜欢像某甲那样喝咖啡的某乙,到喜欢让别人觉得他在像某甲那样喝咖啡的某丙,再到喜欢被某乙、某丙们视为同类的某丁,虽然都在喝同样的咖啡,但驱动消费的动机、对服务的需要以及愿意为此付出的代价,都是不同的。

(资料来源:节选自《21世纪商业评论》,作者:周飙,2013年第21期)

消费者的购买动机与其生理及心理需求是密切相关的。需求是消费者产生购买动机的根本原因,离开需求的动机是不存在的。相应的,动机也反映着人的需求。但是,并不是所有的需求都会转化为购买动机。购买动机产生的条件有两个:一是内在条件,即需求。而且只有当需求的强度达到一定程度时,才可能引起动机。二是外在条件(诱因),即要有能满足其需求的合适的购买目标;否则,需求就可能处于潜在状态。

所以,消费者产生购买动机的原因不外乎内因和外因,即内部需求和外部诱因两类。没有动机作为中介,购买行为不可能发生,消费者的需求也不可能得到满足。因此,动机及其成因与行为这三者之间存在一定关系,如图3-2所示。

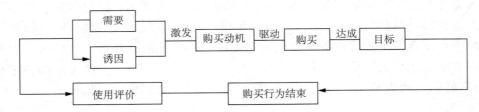

图3-2 产生购买动机的过程

从图3-2中可以看出,动机的指向(或欲望的对象)是可以被诱因改变的。例如,某个消费者在家庭装修和购买家具前,可能只有一些简单或普通的想法,但在看过高档家具城的家具、经过设计师的说明和推荐之后,其想法可能大大改变,反而对某种装饰效果、某些高档次的名牌家具形成强烈的购买欲望。在这个过程中,名牌家具本身、家具的陈列展示、产品宣传图片、设计师的意见及其提供的装修效果图等都成了诱导消费者动机的有效工具。消费者的动机被诱导改变的过程,实际上也是消费者学习、建立相关产品知识及其购买的过程。

拓展阅读

购买动机的诱导方式

诱导方式是消费者处在犹豫不决状态时商家所采用的有效的沟通方式。此时的诱导如果运用得当,就会起到"四两拨千斤"的作用。商家是如何对消费者的购买动机进行诱导,进而影响其购买行为的呢?

1. 品牌强化诱导

消费者对于购买某种物品已经作出了决定,但是对挑选哪个品牌心里没底,在购买时会对各类品牌的情况反复询问对比。此时售货员突出介绍一个品牌,详细说明它的好处,就可以提高消费者的购买欲望,这就是品牌强化诱导。

2. 特点补充诱导

当消费者对选择某一品牌已有了决定,但是对其产品的优缺点还不能作出判断。这时销售员在消费者重视的属性之外,再补充说明其他性能特点,帮助消费者进行决策,这就是特点补充诱导。例如,当消费者无法决定购买哪款冰箱时,销售员提示"XX牌的冰箱环保性能优越,能左右双开门,方便使用"等来补充产品的优点,就能刺激消费者购买。

3. 观念转换诱导

当消费者对某品牌的印象不深,对商品重要的属性特点还不够了解时,销售员采用观念转换诱导方式,可以改变消费者对商品属性的看法。例如,购买冰箱时,消费者把质量放在第一位,价格放在第二位,容量放在三位,而XX牌冰箱的价格不占优势,使得顾客在购买时难以下决心。销售员此时告诉消费者,价格不是主要的,容量比价格更重要,容量选择过小以后要改变就很难了,虽然其价格略高一点,但是使用年限更长。这样就会改变消费者对该冰箱价格高、容量大不看好的想法了。

（资料来源:节选自《消费心理学》,作者:周斌）

消费者的购买动机是多样的、多层次的、交织的、多变的,在实际的购买行为当中,因需求、兴趣、爱好、性格、志向等方面的个体差异,消费者对商品也会呈现出不同的购买倾向。

1. 追求实用性

追求实用性是以追求商品或劳务的使用价值为主要目的的购买动机。这一动机的核心是追求"实用"和"实惠"。消费者在购买生活必需品时,首先就要求商品必须具备实际的使用价值,讲究实用。这种求实心理是我们大多数人普遍存在的心理动机。这种动机注重商品质量可靠、使用方便、经久耐用等特点,而对商品的外形、包装、知名度、象征意义等与使用价值关系不大的部分则并不在意。消费者产生这种购买动机的原因一方面可能是自身的经济能力有限,另一方面可能是受传统实用性消费观念或消费习惯的影响,讲求实用,鄙视华而不实。此外,对家庭日用品等实用性集中度比较高的商品,消费者也会认为没有必要追求"个性"。

实用性购买心理动机往往还表现为对物品安全性的要求,尤其像食品、药品、洗涤用品、卫生用品、家电和交通工具等,消费者往往会关注食品是否临保、药品有无副作用、洗涤用品有无化学反应、卫生用品是否卫生、电器是否安全等。

2. 追求新颖、奇特

这种购买动机的核心是讲求"新颖"和"奇特"。购买动机往往由商品的外观、款式、颜色、造型是否新颖别致,商品的构造和功能是否先进、奇特或有科学趣味,包装是否独特或别开生面等因素所引起。不少时装、儿童玩具、娱乐用品就以奇制胜等。

这种动机的消费者往往对商品的实用程度、价格高低并不大重视,他们消费观念更新较快,容易接受新思想、新观念,追求新的生活方式。这种购买动机常见于少年儿童和青年男女,他们往往是奇特商品、新商品、流行商品或时装的主要购买者。

3. 追求名牌

追求名牌购买动机是由追求名牌商品或服务而形成的购买动机。其核心是"品质"和"荣耀"。在现代社会,追求名牌商品已逐渐成为一种消费趋势,不少消费者对商品的商标及品牌非常重视,对名牌商品充满好感,而且不在乎价格的高低,有较稳定的品牌偏爱。相反,消费者对非名牌商品则较为冷落。这种心理现象实际上是人们自我表现心理和攀比心理的综合体现。一方面,名牌产品一般情况下都工艺精湛,质量稳定可靠,能满足人们的实际使用需求,使消费者的购买风险降至最低点;另一方面,购买名牌产品既可以表现自己的社会地位,显示自己的经济实力,又能表现自己的文化修养、生活情趣、审美品味等。人们只要认知了某个品牌,常常就能够主观地寻找自己购买该品牌商品的各种理由,如自我形象的满足、社会地位的体现、经济实力的炫耀等;商家的各种广告宣传也极易使消费者对该品牌产生情感上的寄托和心理上的共鸣。一般来说,追求名牌心理更多表现在人们对轿车、服饰、化妆品、烟酒等商品品牌的追求上。

此外,随着社会经济的不断发展,人们在追求名牌的同时,出现了一个以追求更加高档、稀缺商品为主要购买动机的消费群体,他们借这种高端商品来彰显自己的身份、地位及经济实力等,其核心是"显名""炫耀"或"自我实现"。他们选购商品时,特别注重商品的象征意义、显示功能及社会影响,对商品实用价值的高低和是否经济划算并不在意。近年来,品牌文化盛行,高端奢侈品大量流入中国市场,奢侈品作为社会地位、经济实力的象征物,在中国人传统的"面子文化"中大肆流行,甚至有些消费者对奢侈品的购买行为已经远远超出了自身的经济实力。

拓展阅读

中国人的奢侈品消费心态

一次国际金融危机,把中国推向世界经济的风口浪尖,在欧美国家消费市场普遍疲软的情况下,2009 年中国的奢侈品消费跃居世界第二位,这个出人意料的结果,令中国市场成为奢侈品品牌跃跃欲试的新战场。

到底谁是中国奢侈品消费的主力军?有专家分析,一是高端的社会高层和富豪;二是中高端的中产阶级和富裕人士;三是中低端的大众奢侈品的体验消费群体,包括数量巨大的年轻人,这三部分人群呈金字塔式结构分布。很难说这三个消费群体中谁是真正的主力,因为这三个阶层的绝对消费力都非常强大,缺一不可。所以,奢侈品消费市场如今想在中国表现不好都难。

在这样强大的消费潜力背后,国人消费奢侈品的心态到底是怎样的?有专家分析指出,与欧洲成熟的奢侈品市场相比较,目前中国的奢侈品市场在消费心理上,虚荣大于品位,真正将享用奢侈品当成一种生活方式的人极少,奢侈品的符号价值远远大于它的实际价值。因为符号可以带来愉悦、兴奋、炫耀、身份、地位、阶层、高级等美好的心理感觉。奢侈品 A 货、高仿品泛滥的市场也从侧面说明符号消费对消费者是如何的重要。消费者往往并不在意或已彻底忘记了一个 LV 包的材质,但消费者特别在意 LV 包的 LOGO 符号是否能被别人清晰地看到。

（资料来源：河南日报，2010 年 10 月 27 日）

 **小思考**

"买东西看品牌"到底好不好？说说你对这一观点的看法。

思政 点睛

2017 年 5 月 26 日,中共中央政治局围绕"推动形成绿色发展方式和生活方式"进行第四十一次集体学习。在主持学习时,习近平总书记就此提出 6 项重点任务,其中一项是倡导推广绿色消费,形成节约适度、绿色低碳、文明健康的生活方式和消费模式。

4. 从众

从众购买动机是受社会消费风气、时代潮流、社会群体、周围环境等社会因素的影响而产生的追求一致或同步的购买动机。例如,某些耐用消费品（如服装鞋帽、家庭陈设用品等）,常常因为消费者之间互相仿效、崇尚时髦或不甘落后的心理,而被购买。这种购买动机在青年人中尤为常见,如新款手机、爆款色号口红等。

从众购买动机是指在购买某些商品方面与别人保持同一步调,它是在参照群体和社会风气的影响下产生的。从众购买动机驱使我们购买和使用别人已经拥有的商品,而不充分顾及自身的特点和需求。因此,这种情况下的购买行为往往存在盲目性和不成熟性。例如,在旅游团队中,如果其他游客纷纷响应导游的号召,前往购物点采购特色商品,某些并不太想购买的游客出于从众心理,也会购买一些产品。

案例分析

某公司开发了新产品,花费了大量的时间去宣传产品特点,希望可以引起消费者的注意。但是在试销初期非常惨淡,几乎无人问津。经过深思熟虑,公司改变了宣传方法。公司让自己的员工扮成顾客,在店铺门口排起长队来购买自己的产品。一时间,公司店铺外门庭若市,排起长龙,而这支长龙则引起了行人的好奇："这里在干什么？什么商品这么畅销,吸引了这么多人宁愿排队也要买？"店铺营造了一种产品畅销的假象,从而吸引了一大批"从众"心理的买家。

你是否也遇到过这种场景而产生"从众"的消费？说说你的经历。

而在从众中较为典型的一种就是"攀比心理",即"你有,我也得有"的心理。互相攀比是人们之间常见的一种心态,如同学之间比成绩、企业之间比效益,不过最常见还是在购物行为中。有着这种攀比心理的消费者多数属于冲动型消费者,他们往往争强好胜,购买的商品往往不是自己迫切需要的或者符合自身需求的。

案例分析

　　说到从众购买,就不得不提一年一度的"双十一"。"双十一"号称购物狂欢节,商家更是打出了"不止五折"的口号。"双十一,你剁手了吗?"几乎成为一句问候语,近两年更是出现了"抄袭购物车"的疯狂行为,自己不知道要买什么,只是觉得不买点什么就好像吃亏了,出于这种心理,消费者相互"抄袭购物车",生怕自己少买了。

　　这种盲目的从众购买行为,在生活中处处都有。逛街时,我们总是往人多的地方去,看看大家都在买什么;网络购物时,我们会习惯性地按照销量多少排序,认为卖出去越多的越好;选购商品时,听说过的、看到过广告的、喜欢的明星代言的,就会被认为很好,从而使我们产生购买行为;如今的网红产品更是如此。殊不知,我们的这种从众心理,早就被商家暗中利用了。

　　说说你买过的哪些"从众商品",当时是出于什么样的心理状态呢?

5. 追求便宜

　　追求便宜是指追求以最小的货币价值来获得最大的商品效用或使用价值,其核心是追求"物美价廉"和"经济实惠"。具有这种主导购买动机的人一般可能是经济收入不高或节约成了习惯的消费者,他们在选购商品时重视价格,对同类商品中价格低的商品持肯定态度。这类消费者往往喜欢到自选商场、廉价商场、批发市场等可以买到便宜货的地方购买商品。他们对减价、优惠价、处理价的商品尤为感兴趣,而对商品的质量、花色、款式、包装等方面则不太在意,是低档商品、废旧物品和残次品、积压处理商品的主要推销对象。由于好贪"小便宜",他们也容易受到不法商贩或伪劣商品的欺骗或坑害。

　　追求便宜这一购买动机其实无可非议,只有当认为自己能从消费该商品中获得的价值与商品的实际价值差不多时,消费者才会愿意掏钱购买。也就是说,消费者要的是一种占了便宜的感觉。但是过分追求这种感觉有可能会导致我们在选购商品时,盲目追求价格低廉,而忽视购买商品的实用性。例如常见的"2元店""10元店",其商品的价格便宜,但若在购买之后将其束之高阁,从经济的角度来计算,这不但没有节省,反而成了一种浪费。

案例讨论

　　一家店铺里有一件珍贵的貂皮大衣,因为价格昂贵,一直卖不出去。后来店里来了一个新伙计,说能够在一天之内把这件皮大衣卖出去。伙计要求掌柜要配合他的安排,不管谁问这件貂皮大衣卖多少钱的时候,一定要说是五百两银子,而其实它的原价只有三百两银子。

　　两人商量好,伙计在前面打点,掌柜在后堂算账。下午店里进来一位妇人,在店里转了一圈后,看到那件卖不出去的貂皮大衣,她问伙计:"这衣服多少钱啊?"伙计假装没有听见,只顾忙自己的。妇人加大嗓门又问了一遍,伙计才反应过来,他对妇人说:"不好意思,我是新来的,耳朵有点不好使,这件衣服的价钱我也不知道,我先问一下掌柜的。"说完就冲着后堂大喊:"掌柜的,那件貂皮大衣多少钱?"

掌柜回答说:"五百两!""多少钱?"伙计又问了一遍。"五百两!"声音很大。妇人听得真真切切,心里觉得太贵,不准备买了。

而这时伙计憨厚地对妇人说:"掌柜的说三百两!"妇人一听顿时欣喜异常,认为肯定是小伙计听错了,自己少花二百两银子就能买到这件衣服,于是心花怒放,又害怕掌柜出来就不卖给他了,于是付过钱以后带着衣服匆匆地离开了。就这样,伙计很轻松地把滞销了很久的貂皮大衣按照原价卖出去了。

说说这个伙计运用了什么技巧成功地将衣服销售出去了呢?

|财商任务单——分析需要的种类|

分析表 3-1 所列举的情况,分别属于哪种需求呢?

表 3-1　分析需求的种类

序号	情景描述	需求的类型
1	周末朋友要我陪她逛街买一条裙子,我并没有什么想买的,结果一天逛下来,我反而买了两条裤子	
2	我不喜欢牛奶的味道,却每天坚持喝一杯,据说喝牛奶能补钙	
3	我和妹妹是双胞胎,但是性格却大不相同,我喜欢漂亮的衣服首饰,她却对美食欲罢不能	

|财商任务单——动机的种类|

分析表 3-2 所列举的情况,举例说明对应的购买行为。

表 3-2　动机的种类

序号	动机的种类	购买行为举例
1	求便利	
2	求便宜	
3	求美	
4	求速度	
5	留念	
6	储备	
7	安全	

话题二：购买行为会受到哪些心理因素的影响

 话题导言

　　夏天来了,丽丽打算买一款防晒霜,她上网看了琳琅满目的防晒产品,不知道如何选择。正当她听了几个美妆博主的推荐准备下单购买时,寝室的好友玲玲说,要用物理防晒不要用化学防晒,否则皮肤会过敏;芳芳说自己用的某牌子就很好,不会过敏。可是丽丽一看价格,自己买不起。听多了各类建议,丽丽反而拿不定主意了,觉得买东西真是头疼的事情。同学们,你们平常买东西会"头疼"吗? 想想为什么我们会出现这种情况呢?

 知识储备 1：认知

　　消费者购买商品的心理活动一般是从认识过程开始的。这个过程主要是通过感觉、知觉、注意记忆、思维与想象等心理活动来完成的,是外界事物的品质、属性及其相互关系的反映过程。因而,认识过程是消费者购买行为的基础和前提。同对其他事物的认识过程一样,消费者对商品的认识过程也是一个由浅入深、由表及里、从感性到理性的发展过程。

　　1. 感觉

　　我们的感觉是对直接作用于感觉器官的事物的反映,如听觉、嗅觉、视觉、味觉、触觉等,且对同一事物不同的人的感觉是有差异的,如有人喜欢甜食,有人却无辣不欢。通过感觉,我们能够获得关于商品的大小、形状、颜色、声音、味道、气味、软硬、粗细等不同属性的认知。感觉是个别的、孤立的和表面的,有时感觉可以直接决定我们对商品质量好坏的判断,也会刺激我们的情感和购买欲望。鲜艳的色彩、美妙的声音、诱人的味道、柔软的触感这些都会使我们感受到愉悦,从而体会到商品的使用价值。

　　商家也会针对感觉在产品上进行设计。例如,在视觉上,重视商品包装、品牌、广告、店面设计等,如在春节商家都将卖场用红色进行装饰,使消费者直观地感受到节日的气氛;在听觉上,利用背景音乐为顾客营造轻松、舒适、愉悦的购物体验,如商场、餐厅进行的现场钢琴演奏,营造出一种浪漫、温馨的感觉;在嗅觉上,鲜花的清香会让我们感受到愉悦与欣喜,食物的香味更是能够促使我们产生购买欲望;在触觉上,很多消费者总喜欢用手摸一摸来判断商品质量的好坏;在味觉上,商家常用的"试吃""免费品尝"等活动也是对味觉的刺激。

　　上述各种感觉刺激虽然是独立的,但也会被同时刺激而产生反应,如对食物我们会讲究"色、香、味"俱全,食物的颜色鲜亮会让人感觉更美味,这也是对各种感觉的同时刺激。

拓展阅读

颜色带来的感受

日本三叶咖啡店的老板邀请了 30 多人，每人各喝 4 杯浓度相同的咖啡，4 个咖啡杯分别是红色、咖啡色、黄色和青色。最后得出结论，几乎所有的人都认为使用红色杯子的咖啡调得太浓了，使用咖啡色杯子盛的咖啡有点浓，使用黄色杯子盛的咖啡浓度正好，而使用青色杯子盛的咖啡太淡了。从此以后，三叶咖啡店一律改用红色杯子盛咖啡，这样既节约了成本，又使消费者对咖啡质量和口味感到满意。

嗅觉的触动

每次进入星巴克都会看到排队买咖啡的人，或坐在店内边喝边聊天的人，好似星巴克从来都不缺购买者。星巴克的咖啡为何这么吸引人？其实，相当程度上吸引你的是空气中的浓郁咖啡香气。店里无所不在的咖啡香气，未喝之前嗅觉就先过了一把瘾，让你不由自主地进入星巴克点一杯咖啡。美国摩内尔化学香气中心研究指出，消费者如果身处宜人气味的环境，像是充满了咖啡香或植物香气的空间，不仅可以使人心情变好，也可能使人的行为举止更迷人，甚至会出现利他的友善表现。

聪明的商贩

菜场的商贩称菜时，往往会故意抓一点，过秤后见分量不足，加一点添上。再称一下，还是分量不足，又加一点添上，最终使杆尾巴翘得高高的。顾客看见这个过程，就会感到确实量足秤实，对商贩很信任。如果商贩不这样做，而是抓一大把上秤，再一下两下地往下拿，直到称足所要的分量时，你的感觉会大不一样，总感觉会不会少了分量。这种心理感受是外界事物刺激所造成的。而聪明的商贩正是巧妙地运用了顾客这种极其微妙的心理差异，实实在在做到了童叟无欺、生意红火。

（资料来源：节选自《消费心理学——理论·案例与实践》，作者：王宗湖、张婷婷）

2. 知觉

知觉是大脑对直接作用于人体感觉器官的整体反映。感觉是孤立的，而知觉是综合的，在很大程度上知觉会受制于人们的知识、经验、个性心理等主观因素，因此，同一件事物不同的人会产生不同的知觉。在生活中，感觉、知觉与其他心理活动往往是紧密联系在一起的，合称为感知。

知觉通常会借助以往的知识经验或原有的印象对当前事物进行理解，由于知识经验的参与，知觉往往不会随着客观环境的变化而变化，因此，知觉具有恒常性。例如，对电脑的选择，经验丰富的消费者会很快在功能、特点等方面作出判断。同时，知觉能够对商品各个方面作出整体的判断，如一件衣服在消费者的知觉中包括了色彩、款式、材质、大小、品牌等。因此，豪华装修的店铺会让我们对其商品在整体判断上加分，认为其质量会更好。

3. 注意

注意是一种心理活动对特定对象的指向和集中,即心理活动集中指向一个特定对象而忽略其他对象。消费者的注意使得消费者的心理活动积极指向所需求的商品,并对商品各项指标进行思考和分析。可以说,注意是一切心理活动和心理过程的前提。因此,商家们积极采取各种手段作用于我们的知觉,其目的就是引起我们的注意。

按照消费者的注意是否具有目的性可将注意划分为有意注意和无意注意。消费者的购买常常是由有意注意产生的,有了需求才会产生购买动机。而无意注意则是消费者事先没有目的,是在受到外界刺激物的影响下产生了注意。

注意会受到外界刺激物和人的内在状态的影响。刺激物的强度,如耀眼的光线、浓郁的气味等;刺激物的强烈对比,如形状、大小等(中秋节商家会制作巨型月饼进行展示,以刺激消费者引起注意);刺激物的活动和变化,如一闪一闪的霓虹灯、红蓝交替闪烁的警车车灯等;刺激物的新异性,如利用人们的好奇心,制作新颖奇特的刺激物引起注意;刺激物的位置、形式等,都会影响消费者的注意。

 小思考

说说你见过商家通过哪些方法引起消费者注意?

4. 记忆

记忆是指过去经历过的事物在头脑中进行保存,并在一定的条件下再现出来的心理过程。因此,记忆不是对当前直接作用的事物的反映,而是对过去经验的反映。消费者在认识过程中,可以通过记忆活动将过去对商品的感知、认识、体验等重新在头脑中反映,从而提高对商品的认识。

人大多是通过表象来记忆的,也能通过语言和词汇进行记忆。图像、动画可以使人的记忆更加生动、形象和持久。因此,商家设计了多种方法增加消费者对产品的记忆:设计新颖奇特的造型,醒目的可视图像包装,如旺仔牛奶的巨大娃娃脸;设计高度识别的声音形象,如酷狗音乐的欢迎词"hello,酷狗";设计重复的广告频繁在消费者面前曝光,如"今年过节不收礼,收礼只收脑白金"。商家还利用消费者的记忆规律,在电梯、公交车、地铁站、商场外墙和互联网页面展示广告等。

当然,记忆还会以联想的形式出现,联想就是由对当前事物的感知引起的对另一事物的回忆。例如,"怕上火,喝王老吉""农夫山泉有点甜"等广告语体现了个性显著、简单易记和联想功能。

5. 思维与想象

消费者通过感知认识到商品表象,再进一步认识商品的特性和内在品质并作出判断和购买决策,这就是思维过程。思维是在感觉、知觉、记忆的基础上,通过分析、综合、比较、抽象、概括和具体化等基本过程完成,这也是我们作出购买决策的主要依据。而想象则是在头脑中对已有的表象进行加工改造、创造新想象的过程。消费者在选购商品时,常常伴有想象的心理活动。例如,在想象中形成"拥有模式",预想自己使用商品后产生的效果或情景,或将"卖家秀"呈现的东西,想象成自己的样子。

综合看来,我们对商品的认识过程,经历了从感觉到思维的过程,并伴随着记忆、想象、注意等心理的发生,经历了从感性到理性、从低级到高级、从现象到本质的不断变换过程。

 知识储备 2:情感

情感是伴随着人们的认识过程而产生和发展的,是考察客观事物是否符合自身需要而产生的内心体验。人的情感过程包括情绪和情感两种形式。情绪一般是人的生理需求,而情感是由特定的条件所引起的,并随条件的变化而变化,是人与人之间的社会性需要。

情绪作为人的一种生理需要,往往会受到外界的刺激。例如,在店内购物时,获得愉快的购物情绪更容易产生购买意愿;在喜庆的节日氛围中,欢快的音乐、丰盛的产品陈列等都会让我们陷入亢奋的情绪,产生情感上的共鸣,容易产生大量的购买与消费欲望。

在情感消费占主流的时代,一个意味深长的画面、一句情真意切的台词,都会唤起消费者的情感需求。因此企业不但需要在产品质量上花费心思,还要以极富感染力的广告打动人心。例如,"三九感冒灵"在 2019 年跨年之际推出的短视频"这世界总有人偷偷爱着你",利用几个暖心的小故事,唤起人们心中爱与善良的情感,在人们感冒要购买药品时,有关这则广告的记忆会被唤起,促成人们的购买决策。

 知识储备 3:意志

消费者心理活动的意志是实现购买行为的心理保证。意志是人们自觉确定目的,并根据目的克服困难,力求实现预定目标的心理过程。意志对消费者的购买行为起着发动、维持或抑制的作用,同时意志也调节着认知和情绪等心理活动。意志与目的性紧密联系,本能的、冲动的、盲目的行动都是缺乏意志的表现。消费者的购买目的越明确,对实现购买目的的重要性认识越强烈,其意志也就越坚定,越能自觉支配和调节自己的心理状态和外部行为。

因此,冲动购买型的消费者的行为一般具有以下原因:受到外界刺激引发的购买冲动,如商家广告、优惠券、折扣的营销刺激;非计划的、突发性的购买,如购物时,时间的紧迫感;立即的、没有反省的、忽略后果的购买行为,如网络购物等。

 **小思考**

请同学们想想自己是否曾经有冲动性购买行为,分析是什么原因导致了冲动性消费。

|**财商任务单——分析消费原因**|
案例分析 1
情景 1:你工作了,终于领到了第一个月的工资。这个时候,你寝室的朋友打电话给

你出去一起玩,大家 AA,一个人 500 元,这个时候你会同意吗?

　　情景2:今天早上你出门在公交车站旁买彩票,就花了 2 元钱,不小心中了 800 元。这时候你朋友刚好打电话喊你晚上一起去聚会,大家 AA,一人 500 元,你会去吗?

　　分析点:对不同来源的钱,一视同仁。

案例分析 2

　　情景:家里装修了,你要去买一套沙发。你原本打算买一个中号的沙发,到了商场发现在做活动,沙发一律都是 2 000 元。你去问了服务员知道小中大三款沙发,原价分别是 2 300 元、2 600 元、3 000 元。你会买哪一套?

　　分析点:关注需求和物品的效用。不要因为贪便宜而买自己不需要的东西。打开家里的衣柜,看看里面有多少件是自己因为"感觉划算"买的,买来之后你穿过吗?

案例分析 3

　　情景1:某天你在 A 店看到一个售价 100 元的闹钟,你正好缺个闹钟,正准备购买时,你的一个朋友碰巧路过,告诉你不远处的 B 店正在搞促销活动,只卖 60 元,你知道从 A 店到 B 店需要走 5 分钟,你会不会马上去 B 店呢?

　　情景2:假设你在 C 商店准备买一部手机,售价为 6 600 元,你正打算付款时,你的一个好朋友碰巧路过,他告诉你在不远处的 D 商店那里相同的款式只卖 6 550 元,从 C 商店到 D 商店也是 5 分钟的路程,此刻你是否会去 D 商店购买呢?

　　分析点:关注优惠的绝对值,而不仅仅是优惠的比例。

话题三：我们的购买行为是怎么发生的

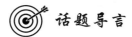 **话题导言**

小刚因为工作原因需要买一款笔记本电脑,他上网查阅了大量资料,并咨询了身边懂行的朋友,决定购买一款 15 英寸的大内存笔记本。他在对比了多家品牌后,选定了华硕电脑。小刚又了解到马上有五一活动,比较了线上和线下的活动价格和售后服务情况,小刚决定在五一活动时在实体店购买。虽然经过了较长时间的挑选,但是小刚买到了自己非常满意的电脑。同学们,你们买东西的时候是否也经过精心的准备呢? 那么你通常都是如何作出购买决定的呢?

 知识储备 1:购买决策的内容

消费者购买决策是指消费者为了满足某种需要,在一定购买动机的支配下,在可供选择的两个或者两个以上的购买方案中,分析、评价、选择、实施并进行购后评价的活动过程。

在购买前,我们要认真思考几个问题,简称为"4W2H",即为什么购买(Why)、购买什么(What)、何时购买(When)、何处购买(Where)、如何购买(How)、购买多少(How many)。

1. 为什么购买

这需要我们对自身的购买需要和购买动机进行分析。

2. 购买什么

这是购买决策的核心和首要问题。要确定具体的购买对象及其具体的内容,即确定购买商品的名称、商标、产地、规格、等级、款式、价格、包装和售后服务等。一般是从众多的品牌中选择出最适合自己的。

3. 何时购买

这需要考虑包括地点的远近、商品的性质、季节、休闲时间、商店营业时间、对商品的需要迫切程度和资金用度等。

4. 何处购买

这需要考虑商家信誉、路途远近、交通情况、可挑选的商品数量、价格、运送以及后续服务等。从何处购买与我们的购买动机有大关系,如求便宜、追求速度等。消费者为了节省时间,也会愿意在某一次的购物计划中,以最节省时间的方法将所有物品一次性购买。

5. 如何购买

这需要我们确定购买方式是网购、电话电视购物或实体购物,是现金支付还是信用卡支付,是预定、一次性付款或分期付款等。

6. 购买多少

购买多少即确定购买数量和频率。购买数量通常取决于消费者的家庭人口、支付能力、市场供应情况等。

总之,购买决策是个极为复杂的过程,受到外界各种各样复杂因素的影响,但无论消费者有多么复杂的消费行为,都要从上述几个方面进行消费决策。

 知识储备 2:购买决策过程

消费者决策行为不仅是"买"或"不买"的简单问题,事实上消费者在购买前,都要经历一个决策过程,这个过程是一个有意识、有目的的心理过程。从图 3-3 中我们可以看到,购买决策在购物之前就已经开始了,而且购买后也会对决策产生影响。

图 3-3　购买决策过程

1. 认识需求

在这一阶段,我们需要清楚知道自己需要的是什么,用什么样的方式来满足,满足到什么程度。明确自己的需求,是开展接下来的一系列购物决策的基础。

2. 寻求商品信息

消费者寻求商品信息通常可以从内部和外部两个方面寻找。内部借助个人以往的知识、经验等来进行判断;而外部信息则较为丰富,如亲友提供的信息、销售人员提供的信息、商业评论或新闻、网络信息等。寻求的信息越丰富、全面、客观,越有利于消费者作出后续的决策。

3. 比较评价

这个阶段消费者开始将收集到的信息进行整理、加工、对比和评价,最后挑选一个购买目标。各种品牌商品各有利弊,需要消费者权衡利弊之后作出最终决定。

4. 作出购买决定

在比较评价后,消费者就会形成购买决定,即立即购买、延期购买或放弃购买。

5. 购后评价与行为

消费者在购买商品后,往往通过商品的消费使用与体验,对自己的选择进行检验和反思,形成买后的感受和满意度评价,或者不满意时的抱怨行为及投诉等售后行为。

 知识储备 3:移动互联网时代的购买行为

网络购物
的利弊

互联网时代的到来,不仅是信息的快速扩散,更是迎来了商品交易的新模式——网络购物。网购以方便快捷、海量信息、即时反馈、交易成本低等优点席卷全世界，对传统的销售方式产生了巨大的冲击。与传统的购物相比，互联网购物的消费决策行为大体相同，购物决策过程略有不同，如图3-4所示。

需求唤起　搜索信息　比较选择　下订单　授权支付　收到商品　售后服务

图3-4　网络购买决策过程

首先，在需求唤起方面，传统的购物因为场地、货品、人工等局限性，对地理位置、空间和时间都有较多要求，购物是一个目的较为明确的行为。而在互联网购物时代，各类营销号的推文、短视频、直播的出现，需求唤起更是无处不在，我们原本无意的、无需要的状态随时可能被打破。

其次，直播带货增加了即时的互动性和生动性，直播带货过程中的网络环境氛围渲染得极为丰富，大量的消费者互动、实时的消费者购买动态数据、同一时间的在线人数等，都会给消费者造成购物错觉。在从众、追求便宜、追求新奇特等心理的驱使下，在"秒杀""限购"等时间紧迫感下，都能促使冲动性消费的发生。

最后，鉴于互联网购物的虚拟性，商品的颜色、材质、触感等与实际效果存在一定偏差，商品可能无法满足预期，需要通过快递进行退换货。部分怕麻烦的消费者，对于价值不高或问题不大的商品，选择接受而不去退货，留下的商品成为了闲置物品，又造成了资源的浪费。

拓展阅读

移动互联网时代消费者购买行为分析及营销模式研究

互联网的出现，特别是移动互联网技术的普及，逐渐地把消费者的时间和注意力从电视屏幕和PC屏幕转移到各种移动终端屏幕上。随着使用智能手机的消费者越来越多，人们使用手机的习惯也发生了很大的变化，移动互联网环境下的消费行为呈现以下特点。

1. 超越时空限制

在移动互联网环境下，只要移动终端设备在手，消费者购物行为发生的随意性极大，在互联网上各种消费行为（如购物、娱乐等各种App消费行为）几乎不受时空限制，消费者可以通过移动终端设备即时上网查询、咨询交流直至完成交易行为。

2. 时间的"碎片化"

传统互联网时代，用户浏览信息的时段有三个高峰，一个是上午9点到11点，一个是下午3点到5点，还有晚上9点到11点。但是在移动互联网时代，因为手机的便携性，手机用户会利用各种小块的时间（如在交通工具上、工间休息、睡前及饭后等）完成各种互联网的消费行为，因此移动互联网消费时间呈现"碎片化"特点。

3. 互动娱乐性

移动终端便于携带和即时上网移动终端的特点，给用户在互联网上的消遣和娱乐带来了极大的便捷，移动终端用户也更喜欢利用移动互联网在碎片时间里进行这种打发时间的娱乐消费,在消遣的同时完成消费;移动终端还具有私有性,因此移动互联网下消费者行为展现出高度互动娱乐的特点。

(资料来源:节选自《现代经济信息》,作者:范红召,2016 年 13 期)

|财商任务单——制定你的购买计划|

请根据所学购买决策内容,填写你的购物计划,见表3-3。

表3-3 购物计划

序号	购买原因 (Why)	购买什么 (What)	何时购买 (When)	何处购买 (Where)	如何购买 (How)	购买多少 (How many)
1	原来的羽绒服时间久了,不保暖	羽绒服	双十一,如果有预售预付定金可以提前波司登天猫旗舰店	支付宝支付	1件	
2						
3						
4						

话题四：商家营销手段知多少

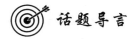

话题导言

小明家附近的火锅店开业,贴出大幅海报宣传,只要转发店铺开业信息到朋友圈并获得 30 个赞,即可在开业当日获得牛肉 1 份。小明的朋友多,他的转发很快得到了 40 多个赞。开业当天小明和朋友来吃饭,店家每桌赠送了 1 瓶啤酒,可是小明他们 4 个人 1 瓶不够喝,于是又买了 3 瓶。吃饭过程中,服务员告诉小明,添加店铺微信即可获赠抽奖机会 1 次,小明抽得 1 张 20 元的代金券,下次用餐即可使用。结账时,老板说开业优惠,可以充值,只要充值是今日消费金额的 4 倍,今日免单,小明觉得很划算,爽快地充了值。同学们,你们发现火锅店老板使用了哪些营销方式?生活中,你还见过哪些营销方式呢?

 知识储备:常见的商家营销手段

1. 利用明星流量带动销售

商家会花费巨额费用聘请名人来促销产品,运用名人或公众人物,如影视明星、歌星、体育明星作为参照群体对公众实施影响,尤其是对崇拜他们的受众产生巨大的影响力和感召力。研究发现,使用名人代言广告的商品评价更正面和积极,这点在青少年群体上表现更为明显。现在许多青少年群体在追星的道路上越来越疯狂,凡是自己喜欢的明星代言的产品,不管自己是否需要,价格是否符合自身消费水平,都要购买以表示对偶像的支持,形成了一股盲目消费的"追星潮"。

商家营销
手段知多少

许多消费者盲目地追捧某个明星,就会购买他们代言的商品。例如,范冰冰、黄圣依和谢娜等明星代言的"绿瘦"玉人胶囊明星产品以及其他多款产品均无法在国家市场监督管理总局找到相关批号,就连该公司注册地址也涉嫌造假。

在明星虚假代言的情形下,消费者基于对明星代言广告的信赖,在购买产品或接受服务的过程中遭受了损失。明星代言虚假广告直接损害了消费者的合法权益,造成的社会危害性要高于一般性的虚假广告。

2. 利用从众效应

从众效应又称羊群效应,是指个体受到群体的影响而怀疑、改变自己的观点、判断和行为等,以和他人保持一致,也就是通常人们所说的"随大流"。这种效应在生活中很常见。商场里,人多的店铺往往比人少的店铺更能吸引人,如某网红奶茶店、某网红面包店等。一些店在刚开张的时候也会请人兼职排队,制造一种火热、受欢迎的场面,以吸引更多的人来排队,这就是利用了消费者的从众心理。

电商为何要进行网络刷单?不外乎想要吸引消费者,达到获取利益的目的。消费者在选购商品时,往往会事先查看商家的好评,根据这些评论决定是否消费、选购商品,这成了消费者的网络购物时的消费习惯,也给了商家投机取巧的理由。一些商家正是看到了消费者的这种心理,才会在刷单上做文章、动手脚,通过"炒信誉"来提升自己店铺的好评,继而达到吸引消费者的目的。

评价网购商品,原本是一件再正常不过的事情,是买家对商品和服务的一种表达自由,可是这种评价必须是客观的、真实的。这就需要建立一套科学权威的电商信用评价机制,加强对电商评价的监督和管理,适时发布消费提醒,为消费者提供消费参考。

3. 利用规避损失心理

"规避损失"的字面意思就是避免损失的情况发生。每个人都希望能够得到好处,人们对于损失要比获利更加敏感。现在常见的赠品、免费体验、减价、买送等商家开展的活动,都是为了激发消费者规避损失的心理。例如,淘宝在双十一活动中"买满200减20",大多数消费者在购物时,就会想着凑单到200元进行消费,不然心里总感觉亏损了20元。再如,拼多多"满50元返50元红包"活动,返还的50元红包并非现金,而是被拆分成的多张满减优惠券。这样的返券活动也是利用了消费者规避损失的心理,吸引消费者下次用"优惠券"再来购物。

4. 利用贪婪心理

贪婪心理和占便宜心理有些类似。商家们利用贪婪心理进行营销主要有以下几种方式:第一是免费。提供免费品,提供赠品,让消费者通过一定程序就能获得免费的东西,令消费者趋之若鹜,甚至不管自己是不是用得上。第二是大清仓、大降价、大甩卖、"一折起"。这些看起来不顾血本的促销手段,最能刺激消费者的感官和心理,让消费者觉得不去占这个便宜,简直是和自己过不去。第三是团购、秒杀和大抽奖。团购本身会带来产品的低价折扣;秒杀虽然要碰运气,但会让消费者想自己万一就碰上了这个好运呢。

5. 利用稀缺心理

在消费心理学中,人们把"物以稀为贵"而引起的购买行为提高的变化现象,称之为"稀缺效应"。物以稀为贵,是亘古不变的原则。人的欲望是无穷无尽的,而资源却是有限的,因而在有限的资源争夺中,越稀缺则越珍贵。例如,你想买张手机卡,尾号666和888的这些号码既有规律、容易记,又吉利,所以很多做生意的人花高价也会购买。在营销中运用最广的稀缺心理是饥饿营销,商家有意调低产量,造成供不应求的现象,这样既可维护产品形象,一定程度上又能提高产品售价和利润率。

6. 采取充值优惠和会员服务

充值优惠是商家常用的一种绑定与消费者之间关系,提高收入的一种手段,常见的如购买礼品卡、充值赠送、充值打折、充值成为高级会员等。这种方式提前将消费者的钱装进商家的口袋,消费者用时间成本、机会成本等换取了一些利益。但实际上存在诸多隐患,如在健身房办卡后,自己并没有坚持运动;或者是在预付费后发现产品或服务不满意,而商家拒绝退款等。

随着各类版权市场的不断规范,各大视频网站、音乐网站、有声书网站等都推出了付费会员服务,选取自动续费功能的费用相比较低。同学们要根据个人的需要和使用频率进行理性消费,慎重办理,不再使用也要及时取消续费功能。

商家营销手段知多少2

 知识储备2:直播营销的常见方式

为了吸引网友观看直播,企业需要设计吸引观众的直播点,并结合前期宣传覆盖更多网友。企业在设计直播方案前,需要根据营销目的,选择一种或几种营销方式。直播营销的常见方式如下所述。

1. 颜值营销

在直播经济中,"颜值就是生产力"的说法已经得到多次验证。颜值营销的主持人多是帅气靓丽的男主播或女主播,高颜值的容貌吸引着大量粉丝的围观与打赏,而大量粉丝围观带来的流量正是能够为品牌方带来曝光量的重要指标。

2. 明星营销

明星经常会占据娱乐新闻头版,他们的一举一动都会受到粉丝的关注,因此当明星出现在直播中与粉丝互动时,会出现极热闹的直播场面。明星营销适用于预算较为充足的项目,在明星筛选方面,尽量在预算范围内寻找最贴合产品及消费者属性的明星进行合作。例如,某主播的直播间很好地利用粉丝经济,几乎每个月都会邀请几位明星做客直播间。例如,看主播涂口红"目瞪口呆"的邓伦、"惜字如金"的朱一龙、"2G网少年"周震南等。邀请各类明星做客直播间,在提升粉丝黏性、增加成交量的同时,也增加了明星的粉丝量,达到双赢,实现合作式营销。

3. 稀有营销

稀有营销适用于拥有独家信息渠道的企业,其包括独家冠名、知识版权、专利授权、唯一渠道方等。稀有产品往往备受消费者追捧,而在直播中,稀有营销的作用体现在直播镜头为观众带来的独特视角上,有助于直接拉升直播间人气,对于企业而言也是最佳的曝光机会。

4. 利他营销

直播中常见的利他行为主要是知识的分享和传播,旨在帮助用户提升生活技能或动手能力。与此同时,企业可以借助主持人或嘉宾的分享,传授产品使用技巧、分享生活知识等。利他营销主要适用于美妆护肤类及时装搭配类产品,如淘宝主播使用某品牌的化妆品向观众展示化妆技巧,在让观众学习美妆知识的同时,增加产品曝光度。例如,"口红一哥"李佳琦在当主播之前,曾经在欧莱雅柜台当过柜员,用自己的嘴巴代替顾客试色,一直试了3年。这段经历让他积累了很多美妆知识,同时也更了解顾客需求。他在直播中并不是将专业知识作简单的输出,而是运用内容营销,为消费者描述一个可以想象的画面,使消费者身临其境。

5. 对比营销

有对比就会有优劣之分,而消费者在进行购买时往往会偏向于购买更具优势的产品。当消费者无法识别产品的优势时,企业可以通过与竞品或自身上一代产品的对比,直观展示差异化,以增强产品说服力。例如,有些手机测评博主在测评手机时,经常会用iPhone作为参照标杆来评测手机性能。

财商任务单——拆解商家的营销手段

商家的营销手段如表 3-4 所示,请同学们进行拆解。

表 3-4 营销手段

序号	商家活动	营销手段拆解
1	买满 300 元减 40 元	
2	买满 2 件打 7 折	
3	第 2 件半价	
4	充值 500 元送 50 元	
5	消费可换积分,积分可兑换礼物	
6	按月消费产品,首月免费	

话题五：互联网信贷如何影响了我们的消费

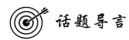 **话题导言**

　　刘宁网上购物时发现网站提供"本月买次月付"的服务，而且次月付款还可以选择分期付款，看起来每个月只需要付很少的钱。对于手头钱不够宽松，又想买东西的刘宁来说简直太好了。刘宁开始了大量的购物，很多还款都选择了分期付款，一段时间以后，刘宁发现每个月的还款越来越多，已经超出了自己的支付能力。同学们，请分析刘宁是怎么走到这一步的呢？这种先消费后付款的行为到底好不好呢？

 知识储备 1：互联网信贷时代

　　互联网贷款是借助互联网的优势，可以足不出户地完成贷款申请的各项步骤，了解各类贷款申请条件。准备申请材料、递交贷款申请等，都可以在互联网上高效地完成。互联网信贷的出现使消费信贷业务变得焕然一新，为刺激消费带来很大的促进作用。同时，互联网消费信贷有办理便捷化、处理高效化、信息透明化、价格低廉化、数据处理自动化等优点，极大地缩短了人们办理消费信贷业务的时间，提高了办事效率，降低了成本，并且互联网信贷的进入门槛相较于传统信贷消费来说比较低。

　　在互联网环境下，人们对网络有种天然的依赖感，尤其是伴随着互联网成长起来的同学们，对互联网消费更是有着天然的信赖，因此在互联网信贷消费出现和发展的情况下，同学们能够很容易去接受和使用互联网信贷，消费观极易被消费主义冲击和改变。

拓展阅读

2020 年中国互联网消费信贷市场发展现状分析

　　2014 年到 2019 年，我国互联网消费信贷规模快速扩张，从 187 亿元上升至接近 16.3 万亿元。在监管政策的不断完善下，互联网消费信贷市场也进入了规范发展的阶段。但目前市场上的消费贷产品同质性仍然较高，集中于购物、旅游等消费场景，未来有待进一步细化。从互联网消费信贷模式来看，轻资产助贷模式已经成为互联网巨头消费贷款主要模式。

　　互联网消费贷指的是金融机构、类金融组织及互联网企业等借助互联网技术向消费者提供的以个人消费（一般不包括购买房屋和汽车）为目的，无担保、无抵押的短期、小额信用类消费贷款服务，其申请、审核、放款和还款等全流程都在互联网上完成。与传统消费金融相比，互联网消费金融业务资金成本更低，同时审批效率更高，在大数据和金融科技的帮助下能够进一步减少信息不对称问题。我国互联网消费信贷规模从 2014 年的 187 亿元上升至 2018 年的 9.1 万亿元,年复合增长率为 370%,2019 年我国互联网消费信贷规模在 16.3 万亿元左右。具体如图 3-5 所示。

图 3-5　2014—2019 年我国互联网消费规模

(资料来源:中国产业经济信息网,2020 年 11 月 9 日)

互联网信贷消费是一把"双刃剑",虽然有其存在的积极意义,但同时也加重和突出了我们消费观存在的问题。大学生作为社会经济中较为特殊的一个消费群体,其生活来源主要是父母供给,收入有限且大多数仅限于日常的基本生活消费开支,这与互联网信贷环境下日益增长的消费欲望形成冲突。

拓展阅读

互联网巨头放贷的 AB 面:年轻人正在被网贷掏空

2019 年,花呗发布的一份《2019 年轻人消费生活报告》里提到,花呗的 90 后用户占全体用户的 68%。中国近 1.7 亿个 90 后中,超过 6 500 万人开通了花呗,平均每 5 个 90 后就有 3 个人在用花呗进行信用消费。

不止花呗,北大光华—度小满金融科技联合实验室发布的《2019 年中国消费金融年度报告》显示,我国消费金融市场贷款规模快速增长,2019 年 9 月末消费贷款规模增至 13.34 万亿元。

互联网消费金融被推行的同时,大量没有偿还能力的人也被卷进了市场。不同于传统银行对信用卡申请实施的严格审批流程,传统银行往往将服务资源提供给高净值人群;互联网消费金融,尤其是大厂往往把消费信贷产品的审核门槛降低到年满 18 周岁、通过实名验证即可。消费欲望旺盛但没有经济能力的大学生,首先成了各大校园贷、互联网消费金融产品的精准收割对象。

(资料来源:深燃财经,2020 年 11 月 8 日)

知识储备2:互联网信贷时代引导消费的因素

随着互联网的迅速发展以及支付宝、微信等移动支付方式的普及使用,花呗等互联网信贷平台逐渐发展起来,消费者的消费方式和消费心态已有了很大的转变,对于物质的要求也随之提升。

1. 个性化消费意识膨胀

新媒体提供多元消费观念和内容丰富的消费产品的同时,也为消费者带来多重选择。互联网信贷消费环境中,人们的消费水平和质量有了显著提高,消费结构也逐渐转为多元因素的发展型消费。同时,在新媒体时代,人们越来越注重个性自由,渴望成为成功且自由的人。所以,在消费品的选择上,消费者不仅关注自己的个性需求,而且关注消费品所承载的符号价值和品牌效应。

2. 网络的声光刺激

新媒体主要以文字、图片、视频等方式来呈现具体事物,而互联网信贷消费的兴起就源于在新媒体方式的呈现下对商品更加具体化和形象化的描述,商品的用途被夸大,体现出与商品本身价值不相符的效果,使人们容易被其吸引并最终选择消费。如今我们对网络消费的依赖程度极高,对互联网信贷消费接受程度提高,互联网信贷消费已然成为我们日常生活主要消费方式之一。

3. 私人化示范效应

手机等移动智能设备的发展和社交媒体的广泛运用,使人们可以随时随地向外界传递生活信息,以往比较私人化的生活细节也得以通过网络展示。人们通过新媒体直播看到自己的朋友或同学购买高档消费品,或自己喜爱的偶像明星使用某种商品时,尽管自己的收入可能并不足以支撑自己的大额消费,也会为了仿效他人而想方设法地进行消费,哪怕是超出自己能力之外的消费,甚至在家庭条件并不足以支持这样的消费时仍不愿减少。

 拓展阅读

互联网巨头放贷的AB面:年轻人正在被网贷掏空

“现在真的是万物皆可贷。”艾菲在社交平台上写下这句话。

我们不妨跟着她体验体验。双十一到了,她想在淘宝囤货,发现花呗额度增加了,又可以买买买了,还不用担心还款,支付页面会友情提示,可以用花呗分期付款。

她逛到京东,又下了一单,准备付款的时候,付款方式默认为京东白条。条件非常诱人——单单最高减99元,还把每个月的分期费用计算得很清楚,均摊到每个月钱并不多。苏宁也是一样,打开苏宁易购App,系统马上提示你开通任性付就能返款50元,开通任性贷就能享30天免息。

中午,艾菲点了份外卖,准备支付时,画面提示,使用美团月付这单立减2元,她狠心关掉小窗,用自己的常用方式支付成功后,页面跳出“领福利”弹窗,原来是让她点击申请美团联名信用卡,页面提示“最高5万额度,免年费”。

午休时间,她刷微博、抖音时,界面时不时跳出一两条网贷广告。微博上"我的钱包"里直接嵌入着微博的金融产品,而抖音在"我的钱包"最显眼位置标识"有福利待领取",点击进入,她发现是抖音在推广字节跳动的产品"放心借"。

下午外出见客户,她打开滴滴,发现主页位置上有金融板块,点进去一看,账户的贷款额度已经达到 10 万元了;打开百度地图,底部也链接着"有钱花"入口。

(资料来源:节选自深燃财经,作者:金玙璠、周继凤,2020 年 11 月 8 日)

知识储备 3:互联网信贷时代的不良消费心理

互联网信贷具有便捷、高效、门槛低等特点,人们一旦选择了这些产品和业务,更容易形成不良的消费信念,主要有以下四种表现形式。

1. 从众消费心理

互联网信贷消费过程中,从众消费心理主要表现为主动舍弃原先的消费观念,甚至刻意以他人的消费习惯或消费标准要求自己。在同一个学校的环境中,同学之间很容易进行比较,会为了和他人保持一致而进行模仿消费和跟风消费。互联网信贷平台提供的便利条件对几乎没有任何经济收入的同学来说,也容易造成负面超前消费,造成不必要的经济负担。在互联网信贷这样开放的消费环境中一旦缺少正确消费观的引导,会更加助长这种心理的形成,并在从众消费心理的诱导下导致模仿消费和跟风消费。

2. 个性消费心理

个性消费心理会认为自己对要"消费什么""怎么消费""什么时候消费"有不同于他人的认识,更容易成为社会快时尚的主要消费者。在个性消费心理的基础上,展现自我、物质享受、追求时尚的代价就是消费。现实中,人们有限的经济来源大都只能维持基本的生活需求,"花钱"的理想与"缺钱"的现实形成强烈反差,这时互联网信贷平台就自然而然成为最好的助推手。因此,从某种程度上,个性消费心理的存在推动了大多数炫耀消费、冲动消费等消费行为的出现。

3. 攀比消费心理

攀比消费心理是指脱离自身的经济能力而进行盲目消费的心理。在互联网信贷背景下,有互联网信贷平台的"助力"作用,在攀比心态怂恿下,学生更加追逐消费热点,借钱进行超前消费和透支消费。例如,有同学会因为攀比心理而使用互联网信贷产品进行消费,也有一部分同学因为身边的人拥有某台新款电脑、某部新式手机而不顾自身的消费承受能力而选择负债消费,这些现象都是因为攀比消费心理在作祟。

4. 宣泄消费心理

宣泄消费心理是一种为了情感宣泄进行消费的消费心理。抗压能力比较弱的人,遇到事情就需要找一种途径来进行宣泄。"买东西"成了其宣泄的一种方式,使人在消费中获得另一种满足感。互联网信贷消费这种快速而便捷的方式成了宣泄情绪的首选,如将平时可能舍不得买的物品一并买下,"清空购物车",即使自己的积蓄不够多,也可以不管不顾,反正还有"花呗"这样的互联网信贷产品额度可以使用。其难以正确认识自己的消费能力,长此以往下去易盲目消费,使用分期付款或者信贷额度,长此以往,"滚雪球"式的互联网信用贷款积压会严重影响以后的学习和生活,加重家庭的负担。

 知识储备 4：互联网信贷时代的理性消费

我们必须对互联网信贷消费保有理性,不断提高自己的价值判断能力和自身把控能力,让自己在消费时不受感性欲望的控制,进行理性消费,依照自己的实际情况制定合理的互联网信贷消费计划。第一,必须要使经济能力与承贷能力相符;第二,必须要将物质消费与精神消费相结合,消费应该以精神境界的提高和自身文化素质的提升为主,物质方面的消费次之;第三,要能够按照计划来实施,因为制订计划只是养成合理消费习惯的第一步,主要还是在行动上。没有制订计划的习惯,在利用互联网信贷产品消费时大多具有冲动性、及时性、随意性。

要减少自己对互联网消费环境的依赖,从而减少互联网消费信贷购物的机会,提升价值的判断能力,提高自我消费把控能力,形成理性消费观。

思政 点睛

2019 年 3 月,习近平总书记在参加十三届全国人大二次会议时指出,不论我们国家发展到什么水平,不论人民生活改善到什么地步,艰苦奋斗、勤俭节约的思想永远不能丢。艰苦奋斗,勤俭节约,不仅是我们一路走来、发展壮大的重要保证,也是我们继往开来、再创辉煌的重要保证。

|财商任务单——我的超前消费|

请同学们列出自己较为常用的互联网信贷产品,并写出自己的使用注意事项,如表 3-5 所示。

表 3-5　常用的互联网信贷产品

序号	我的互联网信贷产品	用途	曾经月度使用最高消费	使用注意事项
1	蚂蚁花呗	淘宝购物	3 000 元	根据自身实际情况调整额度,以便提醒自己不要消费超支。每月使用额度不得超过 800 元
2				
3				

主题四　社保与商保

学习导航

知识目标：

1. 学习社保的领取条件、享受待遇、如何参保
2. 了解住房公积金的概念和作用
3. 学习商保的种类和投保范围
4. 理解保险优先原则

能力目标：

1. 掌握单位和个人缴纳五险一金的计算方法
2. 能够根据案例资料判断风险并进行合理的保险规划
3. 能运用车险计算器计算车险

思维导图

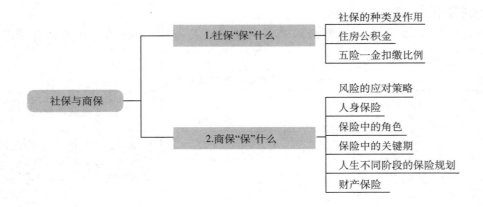

话题一：社保"保"什么

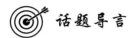 **话题导言**

　　小明是今年刚毕业的大学生，在企业找了份文职工作，人力资源部经理说，实习期3个月，转正后每月工资4 500元。终于熬过了实习期，转正后第一个月，小明发现到手的工资只有4 200元，小明很纳闷，自己没有迟到早退，为什么到手的工资比签订合同时约定的工资要少呢？小明带着疑问来到人力资源部咨询。经理打出了小明的工资条，小明看到应发的工资一分没少，扣缴的是社保，便一知半解地走出了办公室。同学们，你们对社保有哪些认识呢？

社保保什么

 知识储备1：社保的种类及作用

　　社会保险是非营利性质的，主要是国家通过立法强制筹集社会保险基金，并在一定范围内对社会保险基金实行统筹调剂，当劳动者遭遇劳动风险时给予必要的帮助。因此，社会保险对劳动者提供的是基本生活保障，只要劳动者符合享受社会保险的条件，或者与用人单位建立了劳动关系，或者已按规定缴纳各项社会保险费，均能享受社会保险的保障。

　　通俗地说，社保是国家统筹资金为每一个公民设立的保障型保险，通过一定的费用补偿和救济，保障公民基本生存权利。社会保险共对应了养老、医疗、失业、工伤、生育5种保险，因此，其作用就在于让老百姓老有所养、病有所医、失有所得、伤有所疗、生有所保。

思政 点睛

　　2021年2月26日，中共中央政治局就完善覆盖全民的社会保障体系进行第二十八次集体学习。习近平同志在主持学习时强调，社会保障是保障和改善民生、维护社会公平、增进人民福祉的基本制度保障，是促进经济社会发展、实现广大人民群众共享改革发展成果的重要制度安排，是治国安邦的大问题。要加大再分配力度，强化互助共济功能，把更多人纳入社会保障体系，为广大人民群众提供更可靠、更充分的保障，不断满足人民群众多层次多样化需求，健全覆盖全民、统筹城乡、公平统一、可持续的多层次社会保障体系，进一步织密社会保障安全网，促进我国社会保障事业高质量发展、可持续发展。

案例分析

企业能不能不为员工缴纳社会保险?

企业不给员工缴纳社保属于违法行为,法律规定,企业要在员工入职后30天之内缴纳社保,超过就违法。

法律小常识:

《中华人民共和国社会保险法》第八十四条规定:用人单位不办理社会保险登记的,由社会保险行政部门责令限期改正;逾期不改正的,对用人单位处应缴社会保险费数额1倍以上3倍以下的罚款,对其直接负责的主管人员和其他直接责任人员处500元以上3000元以下的罚款。

1. 养老保险

养老保险全称为社会基本养老保险,是指劳动者在达到法定退休年龄退休后,从政府和社会得到一定的经济补偿物质帮助和服务的一项社会保险制度。因此,养老保险的思路很简单,现在我们和公司共同缴纳一部分,在我们退休后依旧有一笔可持续领取的养老金,这笔养老金可能不多,但是可靠稳定,能够满足基本生活需求。基本养老保险的领取条件、享受待遇、参保方式如图4-1所示。

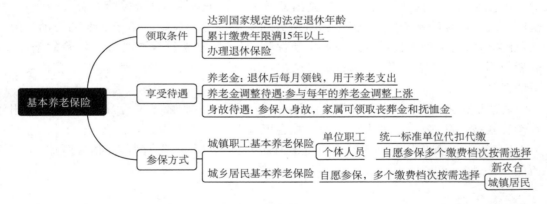

图 4-1　基本养老保险

小贴士

每月要缴纳多少养老保险?

根据国家政策,城镇职工基本养老保险账户包括社会统筹和个人账户。

个人账户按照本人工资的8%进行扣缴,实行完全积累制,缴纳的钱是完全属于你的,退休了就开始领取。

统筹账户按照企业每月缴费总基数的20%左右缴纳。但是企业缴纳的这部分并不是完全属于个人的,在这个账户中除了全国人民缴纳的钱,还包含了财政补贴和投资收益。企业交的钱多少和我们未来能拿到的退休金多少没有直接的关系。

小贴士

养老金能提前支取吗?

　　根据现有制度,养老金一般不可以提前支取。只有两种情况可以提前支取个人部分:一是出国定居;二是死亡,若某人在办理退休前去世了,继承人可以继承个人账户中的钱。退休时如未缴满 15 年,只能提取个人部分。

 小贴士

养老金领取需要哪些条件?

参加养老保险的职工要领取养老金,必须同时符合两个条件才能每月领取:
第一是达到法定退休年龄;第二是累计缴纳养老保险费满 15 年。
如果累计缴费不满 15 年,那么在退休时可一次性领取个人账户中的累计部分的资金。

 小贴士

什么是养老金替代率

　　养老金替代率是衡量劳动者退休前后生活保障水平差异的基本指标之一。养老金替代率,就是退休工资是退休前工资的百分之几。例如,退休前拿 10 000 元/月,退休后拿 5 000 元/月,养老金替代率就是 50%。

　　国家建立养老保险制度的初衷,就是想让退休人员在退休后能够拿到一定的养老金。毫无疑问,退休后拿到的钱越多,退休后生活水平就越好。

　　根据世界银行的测算,退休后的养老金替代率大于 70% 时可以维持退休前现有的生活水平;达到 60%～70% 可以维持基本生活水平;低于 50% 时生活水平较退休前会有大幅下降。目前我国养老金偏低,为社会平均工资的 40% 左右。

2. 基本医疗保险

　　基本医疗保险是为补偿劳动者因疾病风险造成的经济损失而建立的一项社会保险制度。通过用人单位缴费和个人缴费,建立医疗保险基金,参保人员患病就诊发生医疗费用后,由医疗保险经办机构给予一定的经济补偿,以避免或减轻患病、治疗等给劳动者带来的经济风险。基本医疗保险怎么用、享受待遇、如何参保可见图 4-2。

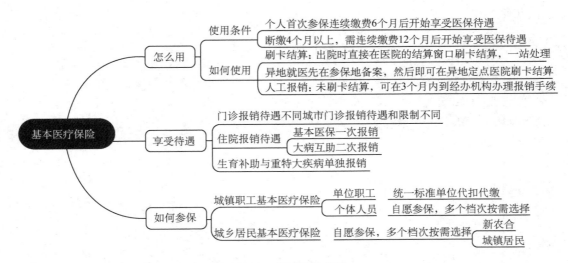

图 4-2　基本医疗保险

 小贴士

个人账户和医疗保险统筹基金

个人账户简单来说就是你的医保卡。个人缴纳的医疗保险费为 2%，全部记入个人账户。个人账户用于支付门诊医疗费和按规定由个人负担的其他医疗费。个人账户可以结转使用和继承，但不得提取现金或者透支。

单位缴纳的医疗保险一般在 6%～10%，各地区标准不同。医疗保险按职工不同年龄段分别划入个人账户，其余部分就作为医疗保险统筹基金，用于支付住院医疗费和指定病种门诊医疗费的补助。

简单来说，吃药看病用的就是医保卡，但是住院手术就要用到统筹基金进行报销或者扣费了。

 小贴士

割双眼皮可以用医保吗？

医疗保险虽然囊括的范围很广，但诸如整容、减肥、增高、近视矫正、各种不育（孕）症、精神疾病、在国外和境外发生的医疗费用等，都不在医保的范围内。

 小贴士

小陈在上班途中被小车撞伤能用医保吗？

第三方责任不能报销医疗保险。如果不幸出了交通事故或被歹徒伤害等应由其他责任人承担的行为，都不在医保范围之内，只有在公安机关证明确实找不到加害人的情况下，才能暂时由医保方承担。

2020年3月1日,习近平总书记在《求是》杂志发表重要文章《全面提高依法防控依法治理能力　健全国家公共卫生应急管理体系》指出,要健全重大疾病医疗保险和救助制度。要健全应急医疗救助机制,在突发疫情等紧急情况时,确保医疗机构先救治、后收费,并完善医保异地即时结算制度。要探索建立特殊群体、特定疾病医药费豁免制度。要统筹基本医疗保险基金和公共卫生服务资金使用,实现公共卫生服务和医疗服务有效衔接。

3. 失业保险

失业保险是国家通过立法强制实行的,由社会集中建立基金,对因失业而暂时中断生活来源的劳动者提供物质帮助的制度。缴费单位按本单位当月职工工资总额的2%缴纳失业保险费;个人按本人月工资的1%缴纳失业保险费,由所在单位从本人工资中代为扣缴。失业保险的领取条件、享受待遇、如何参保如图4-3所示。

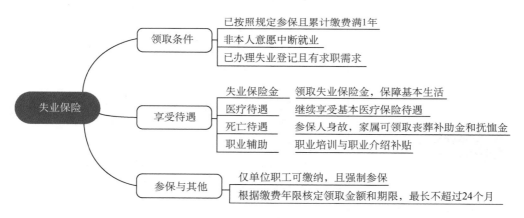

图4-3　失业保险

 小贴士

失业保险是不是失业了就可以领取

领取失业保险条件必须同时满足三点。第一,劳动者及其前单位必须累计缴纳失业保险满1年;第二,劳动者必须是非本人意愿的失业,所以主动辞职是不能够领取的;第三,劳动者必须要在失业后的60天内进行失业登记。即使劳动者此后一直失业,也不能一直领取失业保险,最长只能领取2年。

"非因本人意愿中断就业",这意味着你是被辞退,而如果公司没有正当理由辞退你,那么公司就要进行赔偿。如果你很幸运地遇到一家良心公司给你出具了辞退证明,接下来你应在离职之日起60日内持职业指导培训卡、户口簿、身份证、解除劳动合同或者工作关系的证明和照片到户口所在街道、镇劳动保障部门进行失业登记,办理失业保险手续。

如果你可以拿到失业补贴,那这笔钱到底有多少呢?累计缴纳失业保险时间满1年不满5年的,缴纳失业保险每满1年领取1个月的失业保险金,但领取期限最长为12个月;累计缴纳失业保险时间满5年不满10年的,领取失业金的期限最长为18个月;累计缴纳失业保险时间满10年以上的,领取失业保险金的期限最长为24个月。

4. 工伤保险

工伤保险是劳动者在工作过程中受意外伤害,或因职业需要接触粉尘、放射线、有毒有害物质等引起职业病后,由国家和社会给负伤、致残者以及死亡者生前供养亲属提供必要物质帮助的一项社会保险制度。工伤保险单位缴费比例从0.2%到1.9%不等,要根据行业特性决定。高风险、比较容易发生安全事故的行业,工伤保险缴费比例会高些。

领取工伤保险条件:在工作时间和场所内,因工作受到事故伤害;从事与工作有关的预备性或收尾性工作受到事故伤害;因履行工作职责受到暴力等意外伤害;患职业病的;因工外出,受到伤害或发生事故下落不明;上下班途中,受到非本人主要责任的交通事故或者城市轨道交通、客运轮渡、火车事故伤害的。工伤保险的领取条件、享受待遇、参保方式与其他如图4-4所示。

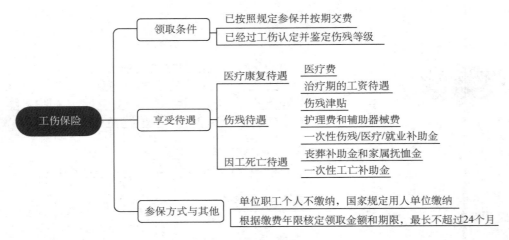

图 4-4 工伤保险

 小贴士

下班回家途中遭遇车祸能不能用工伤保险

上下班途中,受到非本人主要责任的交通事故或者城市轨道交通、客运轮渡、火车事故伤害的可以申请工伤保险。在上下班的时候被车撞了,便应该赶快报警,让警察来调查记录并拍照采集证据,警察处理完以后会开具事故鉴定书,以此便可以去单位要求报工伤了。第一,要注意保留证据。在实践中,很多人发生事故后不保留证据,导致被认定为非工伤而无法享受工伤保险。第二,工伤认定是具有时效性的。例如,在2020年8月1日发生工伤,就必须在2020年9月1日前向单位报告,把事故鉴定书和看病或住院的病历交给工伤鉴定中心。如果距离出工伤的时间超过了1个月,工伤便无法鉴定。

5. 生育保险

生育保险是根据法律规定,在职女性因生育子女而导致劳动者暂时中断工作、失去正常收入来源时,由国家或社会提供物质帮助的一项社会保险制度。生育保险待遇包括生育津贴和生育医疗服务两项内容。生育保险缴纳比例为公司 1%,个人无需缴纳。

生育保险需要注意的地方:

(1) 只有缴费满 1 年以上才可以享受。

(2) 生完孩子后还要继续缴费,否则就不能享受后期计划生育方面的福利。

(3) 如果夫妻间女性一方没有工作或者工作单位没有缴纳生育保险,那男性一方可以用自己的生育保险报销,但只能报销医疗费用的一半,且没有 4 个月的工资。

 小贴士

"五险"的缴纳可以中断吗?

养老保险:中途可以中断,最后是按累计缴纳年限计算。办理转移手续:只需在原单位开具转移单,然后在新单位继续缴纳就行。

医疗保险:中断 3 个月以上就失效,需要到新单位重新上保险。因为上医疗保险时会有一个存折,且是终身使用,因此不管单位是否变化,只需单位每个月把一定比例的钱打进这个账户即可。

失业保险:必须要交,但中断不中断都不要紧。办理转移手续:无需转移,到新单位继续缴纳就行。

工伤保险和生育保险:两者都属于"当期缴纳当期享受"的险种,因此不存在转移的问题。

 小贴士

如果作为自由职业者/自主创业者,社保该怎么缴纳?

缴纳城乡居民养老保险可以自主选择缴费档次。目前自由职业者参保职工社保,只用缴纳养老和医疗两项保障。

拓展阅读

习近平在中共中央政治局第二十八次集体学习时强调 完善覆盖

全民的社会保障体系 促进社会保障事业高质量发展可持续发展

2021 年 2 月 26 日,中共中央政治局就完善覆盖全民的社会保障体系进行第二十八次集体学习。习近平同志在主持学习时指出,我们党历来高度重视民生改善和社会保障。党的十八大以来,党中央把社会保障体系建设摆上更加突出的位置,对我国社会保障体系建设作出顶层设计,推动我国社会保障体系建设进入快车道。统一城乡居民基本养老保险制度,实现机关事业单位和企业养老保险制度并轨,建立企业职工基本养老保险基金中央调剂制度。整合城乡居民基本医疗保险制度,全面实施城乡居民大病保险,组建国家医疗保障局。推进全民参保计划,降低社会保险费率,划转部分国有资本充实社保基金。积极发展养老、托幼、助残等福利事业,人民群众不分城乡、地域、性别、职业,在面对年老、疾病、失业、工伤、残疾、贫困等风险时都有了相应制度保障。目前,我国以社会保险为主体,包括社会救助、社会福利、社会优抚等制度在内,功能完备的社会保障体系基本建成,基本医疗保险覆盖 13.6 亿人,基本养老保险覆盖近 10 亿人,是世界上规模最大的社会保障体系。这为人民创造美好生活奠定了坚实基础,为打赢脱贫攻坚战提供了坚强支撑,为如期全面建成小康社会、实现第一个百年奋斗目标提供了有利条件。

（资料来源:新华网,2021 年 2 月 27 日）

 知识储备 2:住房公积金

住房公积金是指国家机关、国有企业、城镇集体企业、外商投资企业、城镇私营企业及其他城镇企业、事业单位、民办非企业单位、社会团体及其在职职工缴存的长期住房储金。住房公积金由单位和个人按照同等比例共同缴纳。根据城市不同缴纳比例有所差异。最终单位和个人缴纳的部分全部进入个人账户。我们日常所说的"公积金"就是指"住房公积金",也是"五险一金"中的"一金"。

 小贴士

住房公积金有什么用

住房公积金提取的条件:购房;建造、翻建、大修住房;租房;父母给儿女购房;销户提取全部余额;纳入低保或特困范围的提取使用;治疗重大疾病。我们日常生活中最常用的还是两个功能:购房和租房。

1. 购房

不贷款购房可一次性提取,商业贷款购房可提取用于首付,或提取偿还本息,公积金(组合)贷款购房可提取偿还本息。

2. 租房

租房可支付配租或政府招租补贴的经济租赁房房租,支付市场租房房租。

 小贴士

住房公积金最高可以贷款多少

公积金贷款额度是有限额的,不同城市限额不一样,如北京为 80 万元,上海为 60 万元,广州为 66 万元。具体的贷款额度金额要同时考虑借款人月工资额、还贷能力、现有贷款月应还款额、贷款期限、账户余额、房屋价格、最低首付款、信用等级和抵押物评估价值。

小贴士

信用卡记录会影响公积金贷款

公积金贷款跟信用记录——也就是信用卡还款记录密切相关。以北京为例,《个人信用评估报告》信用等级 AAA 级的借款申请人,贷款额度可上浮 30%；AA 级的借款人,贷款额度可上浮 15%。

如果信用卡有逾期记录(出现连续 3 次逾期还款或累计 6 次逾期还款就将被银行视为不良信用记录),其贷款申请可能会被公积金管理中心拒绝,就算没被拒,申请到大额贷款和低利率的可能性也会很低。

 知识储备 3：五险一金扣缴比例

全国各个地方社保缴纳的方式略有不同,一般来说,各地缴费基数会在规定基数上再有一个小幅的波动,这样既保证大家享受到社会的基本福利,也会避免给当地企业造成过大的负担。

同学们可以在当地的社会保障局官方网站上查询到当地社保的缴费比例。一般每年的上半年,很多地区的社保的缴费比例会出现更新调整,大家可以进行查看。2020 年贵阳市社保缴纳比例情况如表 4-1 所示。

表 4-1　2020 年贵阳市社保的缴纳比例表

缴费基数	基本养老保险		基本医疗保险		失业保险		工伤保险		生育保险	
	单位	个人	单位	个人	单位	个人	单位	个人	单位	个人
最低 3 397.6 元 最高 18 028.25 元	16.0%	8.0%	7.5%	2.0%	0.7%	0.3%	0.2%～1.9%	0	1.0%	0

|财商任务单——五险一金计算|

假设陈同学毕业后成为某公司的正式员工,每月工资为 4 000 元。请计算并填写完成表 4-2。小陈个人和公司每月缴纳五险一金各为多少钱,小陈到手的工资为多少钱?

表 4-2　单位社保缴纳计算表

货币单位：¥	单位：贵阳市××××有限责任公司													2021 年×月××日		
工号	姓名	工资基数	基本养老保险		基本医疗保险		失业保险		工伤保险		生育保险		公积金		社保缴纳额度		
			单位	个人	单位	个人	单位	个人	单位	个人	单位	个人	单位	个人	单位	个人	总计
			16.0%	8.0%	7.5%	2.0%	0.7%	0.3%	0.7%	0	1.0%	0	10.0%	10.0%			
01	陈同学	4 000 元															

话题二：商保"保"什么

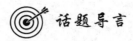 **话题导言**

公司小李每年都会给自己和家人买一份商业重疾险。同事小张特别不解。小张认为，公司的保障机制很完善，五险一金每个月都有缴纳，不再需要购买商业保险。小李认为，社保是基础，商业保险作为补充也是很重要的，而且社保只能保障我个人，而商业保险还可以保障家人。同学们，你们认为商业保险有什么作用呢？

 知识储备 1：风险的应对策略

风险是在特定环境下某些随机事件发生后给人的利益造成损失的不确定性。其中，不确定性是风险的本质。面对人生中不可避免的各种风险，我们一般有以下四种应对策略。

1. 风险回避

风险回避即为不参与含有特定风险的行为。这是远离风险最彻底、最简单的方法。而且事实上，很多事情是回避不了的，如没有人能避免发生疾病和意外。所以风险规避措施往往是风险管理中用得比较少的。

2. 损失预防

损失预防侧重于降低损失发生的可能性或者损失概率，如我们平时加强锻炼身体、增强体质、提高抵抗力，可以减轻、减少遭受疾病侵害的风险。

3. 风险转移

风险转移是指通过合同或非合同的方式将风险转嫁给另一个人或单位的一种风险处理方式，分为保险和非保险转移。

保险就是把经济损失后果转移给保险公司，风险转移也是保险的本质。非保险转移就是将某种特定的风险转移给非保险专门机构或部门，包含出让转移和合同转移。

4. 风险自留

风险自留是指有意识地自愿接受风险的行为。例如，年轻人平时身体也比较健康，遇到感冒咳嗽这种小病就可以选择主动承担生病的风险，选择不买健康保险。

保险只是风险诸多对策和手段的一种。事实上，最适当的风险管理方案中要包含保险，但不能完全依赖保险，要根据特定个人或家庭的风险状况和管理目标，有针对性地选择合适的风险控制措施，并加以规划安排，形成一个包括保险在内的风险技术组合，确保保障一定时，费用最小；或者费用一定时，保障程度最高。

知识储备 2：人身保险

保险分为人身保险和财产保险两大类。其中，人身保险分为人寿保险、健康医疗险、意外伤害险、年金保险等。具体如图 4-5 所示。

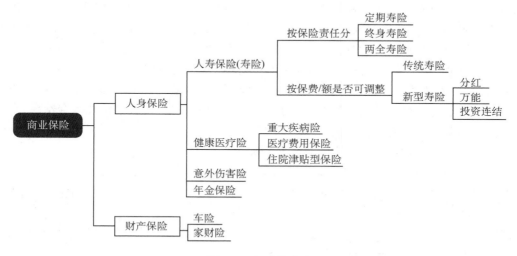

图 4-5　保险的分类

1. 人寿保险

寿命是个抽象的概念，当人的寿命作为保险对象的时候，是以人的生存和死亡两种形式存在的。人寿保险是以被保险人的生命为保险标的，以被保险人（在保险期限内）的生存或死亡为给付保险金条件的人身保险，即当被保险人死亡或生存达到合同约定的年龄、期限时，由保险人给付保险金。

人寿保险是人身保险中产生最早的一个险种。在较长的一段时间里，人们都认为死亡是人类面临的最大的人身风险。因此，早期的人寿保险指的是死亡保险。随着社会经济的发展，人们不仅希望生存，而且也希望长寿，维持生存和长寿需要支付相当的生活费用，所以就出现了生存保险以及将死亡保险和生存保险相结合的两全寿险。由于人无法预知自己寿命的长短，不能为养老做充分的准备，后来又进一步出现了年金保险。

 小贴士

> **保险受益人可以是谁？**
>
> 保险受益人的范围限制在：本人；配偶、子女、父母；与投保人具有抚养、赡养或抚养关系的家庭其他成员、近亲属。

按保险事故划分，人寿保险可以分为定期寿险、终身寿险、两全寿险。

（1）定期寿险。定期寿险是指以死亡为给付保险金的条件，并且保险期限为固定年限的人寿保险，如保到 70 岁。在保险期间内，如果被保险人不幸身故，保险公司要给付保险金。如果保险期结束时，被保险人仍然生存，保险公司既不给付保险金，也不退还保险费，保险合同终止。定期寿险是我们通常说的消费型保险产品，它的费率比其他寿险产品低，可以用较少的钱获得较高的身故保障。同时，定期寿险的保险期可由消费者灵活选择，能够满足特定时期的保障需求。

（2）终身寿险。终身寿险是指以死亡为给付保险金的条件，并且保险期限为终身的人寿保险。终身寿险能够为被保险人提供终身的保险保障，即保被保险人一辈子。投保后，不论被保险人在什么时间身故，保险公司都要按照合同约定给付保险金。在其他条件相同的情况下，终身寿险费率比定期寿险高，但保险期更长。

（3）两全寿险。如果在保险期发生死亡的，两全寿险提供保障的功能；如果保险期满以后，被保险人依然生存，就把保险金直接给付他本人，也就是说生死都会照顾到，所以也叫"生死两全"。两全寿险是一种储蓄型的保险，由于同时包含身故给付和生存给付，费率相对定期寿险和终身寿险都要高。

定期寿险、终身寿险、两全寿险具体区别如表4-3所示。

表 4-3　定期寿险、终身寿险、两全保险具体区别

险种名称	赔付方式	保障期	保费是否退还	保费费率
定期寿险	身故赔付	一般是20年或30年	没有发生赔付，保障终止，保费不会返还，属于消费型	相对较低
终身寿险	身故赔付	终身	没有发生赔付，保障继续，一直到被保险人终老	相对较高
两全寿险	生死赔付	终身	没有发生赔付，那么可以返还保费	相对较高

除了上述的三种，当前市面上出现各类新型人寿保险，不仅包含基本的人身保障功能，还增加了投资、分红等功能，灵活地融合了消费者的保险保障需求与投资理财需求，是保险行业近年来发展创新的热点之一。对寿险产品而言，新型保险产品主要包括分红保险、投资连结保险、万能保险。新型保险中的分红保险、万能保险有确定的利益保证，但超出利益保证的收益则视保险公司经营情况而定；而投资连结保险没有收益保证，投资回报完全依赖于保险公司的投资运作，因此投保人承担的风险最高。

我们需要认清的是，无论是消费型保险产品，还是分红保险、万能保险、投资连结保险产品，保险公司之所以能返本、分红、付息，无非是用客户的钱去投资，然后把投资收益再分给客户。由于投资项目不可能太过激进，保险公司的投资收益都是比较低的。

因此建议在购买人寿保险时，消费者应尽量购买消费型保障功能的保险，而非所谓的新型保险。这样可以用较低的价格购买到较高的保障，把省下来的钱投资到其他能带来更高回报的投资项目中去，如债券、基金定投等。这样资金的使用效率会更高。

拓展阅读

盘子的故事

一家五星级大酒店有100名学习厨艺的学徒，他们要学习10年才能出师。学徒们的薪水不高，但是五星级酒店的餐具都非常名贵，一个盘子要1 000元。如果学徒不小心打

坏了一个盘子,他不仅要赔偿这1 000元,还可能面临被开除的风险。

后来,酒店来了个聪明的财务。财务提出,如果每个学徒每年愿意交一点钱,把这些钱集中起来,那么无论谁打碎了盘子,就用这钱来赔偿盘子,而且学徒们都不再受到处罚。大家都觉得这个方法很好。财务问大家:"你们1年之内大约会打碎几个盘子?"大家想了想答:"大约4个吧。"(预定死亡率)假定一年内需要赔偿4个盘子的话,那每个人得交40元。同时要聘请一名经纪人来帮助大家管理这些钱财,聘请费用大概1年需要600元,为经纪人租个办公室要400元(预定费用)。这1 000元的费用分摊到每个学徒身上是10元,这样算下来每个学徒1年只交40(保障成本)+10(费用)=50元,就可以打碎盘子不用赔偿不被开除了。(短期消费险诞生了)

可是大半年过去了,竟然还没有人打碎盘子,平时做事最谨慎小心的人找到财务说:"我是最不可能打碎盘子的,这1年损失50元钱,10年就是500元啊!但是万一我打碎了盘子还是赔不起的,有没有两全其美的办法啊?"聪明的财务脑子一转,既然他想要拿回本金,我就要多收他一些钱,用这些多收到的钱去投资,用投资的收益把他的本金赚回来。于是聪明的财务说:"我也相信你不会打碎盘子,但是万一的事情谁也不敢担保,要不你看这样吧,你每年交100元押金(两全险),如果打碎了盘子这押金就没收了,如果10年都没打碎,到时候1 000元我原样还你。"财务又说:"你既然按100元交押金了,这10年都得交,中途也不能再把押金取回,否则要算你违约。"小心的人想想自己总归不亏,确实两全其美,一口承诺:"没问题!"(两全保险诞生)

这一年小心的人果然没有打碎盘子,看见其他工友大都损失了50元,他不禁得意起来,把自己的方案告诉几个好朋友。很快一传十,十传百,大家都觉得自己不是那个会打碎盘子的人,于是纷纷要求交押金。财务也很乐意,于是第2年财务收到了10 000元押金。财务留下4 000元准备赔盘子的钱和1 000元的费用,剩下5 000元就去投资,这一年,市场非常好,投资回报率升高到了,而且这一年学徒们也只打碎了3个盘子。到了年底,财务还赚了不少钱。

听说这个事情,小心的人又不平起来,他找到财务说:"你用我们的钱去赚了那么多钱,却不分给我们,太不公平了。"财务想了想说:"赚钱是靠自己的脑力和体力,这里也有我的功劳。要不这样吧,你再多交点,每年150元(分红险),10年后我不仅还你1 500元,还每年把盈利的70%分给你,如何?"小心的人一听,觉得这样更划算,马上交了150元,还鼓动别的工友也多交一点。

这一年恰逢股市大涨,财务赚了很多钱,到了年终大家一看自己的账户,非但没有像去年一样花掉50元,反而还多了红利。于是财务鼓动大家说:"明年行情还会很好,大家不如把自己不急用的钱都给我吧,我帮你们运作,每个月给你们结算利息,而且是利滚利。急用的时候你们可以随时取。"小心的人问:"那你要投资亏了怎么办?""放心吧,我承诺给大家的利息年利率一定在2.5%以上。"众人一盘算,我们哪里懂什么投资运作,财务是个聪明人,交给他放心!于是众人将不急用的钱都交了出来。(万能险)

第三年年末,大家账户上果然又多了若干盈余,有人感觉赚得真不少,但也有人感觉没有赚到心目中所想要的钱。他们又找到了聪明的财务,财务说:"收益高的项目当然有,但是风险也大,如果你们不怕风险,我可以帮你们投到这些项目中去。这样吧,我帮大家设置几个投资的账户,其中有风险高的,有风险低的,大家可以根据自己的偏好来选择投资的账户。选择好了,我来帮你们运作,我每年只收大家一点管理费,其余赚多少都归你们,但是万一亏了,请大家也别怪我(投连险)。只要存满5年,我连手续费都不扣。"大家感觉这样能赚到更多的钱,于是就把所有的钱交给了财务。

这时候来了一个新的学徒,众人纷纷向他解释这个项目的吸引力,劝他多拿一点钱出来。新学徒听得一头雾水,最后终于搞清楚来龙去脉说:"不就是交50元赔盘子吗?我家庭困难,不把这剩余的工资都押进去,行吗?"

在上面的故事中,随着故事的推进,人们的关注点在改变,开始关注的是保障,到后来关注收益而忽略了保险的本质。大家想想现在的保险行业和保险市场,是否也是这样呢?所以建议大家在买保险的时候不要过多考虑资金回报,而应该重点考虑保险的本质,个人对风险的厌恶才应该是购买保险最原始的初衷。

(资料来源:节选自《这本书让你读懂保险》,作者:长投网)

2. 健康医疗险

健康医疗险是以人的健康作为保障对象的保险。健康医疗险是指被保险人患病时发生的医疗费用支出,或因疾病所致残疾或死亡时不能工作而减少收入,由保险公司负责给付保险金的一种保险。

健康医疗险的承保条件比较严格,保险前需要对被保险人身体的情况进行相当严格的审查。对于在体检中不能达到标准条款规定的身体健康要求的被保险人,要么提高保费,要么重新规定承保范围。

健康医疗险可以分为重大疾病险、医疗费用保险和住院津贴型保险。

重大疾病险是以重大疾病(含终身型重大疾病和定期型重大疾病)发生为给付保险金的条件进行一次性赔付,它的目的是减轻疾病给家庭支出带来的负担,跟实际医药费用开支没有很大的关系。

医疗费用保险可以报销社保外的费用,而且报销费用高昂。

住院津贴型保险(如住院津贴)是为了减少疾病期间的经济损失。

 小贴士

什么情况保险公司可以不做理赔

疾病保险的责任免除一般包括以下几种:
(1)订立保险合同时,已经患有的疾病。
(2)被保险人因自杀、自残导致的疾病。
(3)核辐射所致疾病。
(4)因酗酒及擅自用麻醉剂吸毒所致疾病。
(5)因不法行为或严重违反安全规则所致疾病。
(6)艾滋病。

3. 意外伤害险

投保人在投保了意外伤害险之后,如果在保险期间,因受意外伤害而导致死亡或残疾,可以按照合同约定找保险公司获得相应的赔偿。意外伤害险有三层含义:第一,必须有客观的意外事故发生,而且事故原因是意外的、偶然的、不可预见的;第二,被保险人必须有因客观事故造成人身死亡或残疾;第三,意外事故的发生和被保险人遭受人身伤亡的结果,两者之间有内在的、必然的联系。意外伤害险的责任界定为外来的、突发的、非本意的、非疾病的。

 小思考

1. 贵阳市某高校大二学生林同学,课后在校篮球场打篮球,由于动作过大不慎跌倒,送医后确诊为右臂撕裂性骨折。林某在新生报到时,自愿参加了学校向某保险公司投保的大学生意外伤害保险,并缴纳了相关保险费用。请问林同学的情况是否符合理赔条件,能否获得意外保险的赔偿?

2. 贵州省某高校大一学生陈同学,因和女朋友分手,情绪激动从教学楼二楼跳下,送医后确诊为右脚粉碎性骨折。陈同学在新生报到时,自愿参加了学校向某保险公司投保的大学生意外伤害保险,并缴纳了相关保险费用。请问陈同学的情况是否符合理赔条件,能否获得意外保险的赔偿?

3. 王同学假期参加马拉松跑步,跑步期间身感不适,突发心脏病身亡。王同学在新生报到时,自愿参加了学校向某保险公司投保的大学生意外伤害保险,并缴纳了相关保险费用。请问王同学的情况是否符合理赔条件,能否获得意外保险的赔偿?

4. 年金保险

年金保险是指以生存为给付保险金条件,按约定分期给付生存保险金,且分期给付生存保险金的间隔通常不超过 1 年(含 1 年)的保险。

年金保险是为被保险人因寿命过长在晚年可能出现的经济困难做准备。例如,我们常看到很多保险都带有定期返还功能,每年交多少保费,若干年后开始每隔一段时间返还保额的多少,到一定期限可以一次领取多少等。我们经常听说的养老保险、少儿教育金类保险都是这样的方式。所以,年金保险可作为我们面临退休期养老金不足风险时的一种补充。

案例分析

孙小姐今年大学毕业刚参加工作,购买了某保险公司年金保险产品,选择了 10 年的分期缴费,保障到 88 周岁,基本保额为 13 110 元,她每年需要缴纳 10 000 元,1 个月则是几百元。该年金保险产品在投保的第 5 年发放首次额外奖励金,为基本保额的 2 倍,也就是说,在孙小姐 30 岁的时候,她可以领到第一笔保险金,为 2 622 元。此后,孙小姐可以开始领取生存保险金,在 30 岁到 59 岁之间,她每年可以领取 1 311 元;在 60 岁到 87 岁之间,她每年可以领取 3 933 元。此外,孙小姐依据其签订的年金保险合同还可领取相应的祝寿保险金。最后,当孙小姐生存到保险期限满,88 周岁的时候,她可以领取 52 440 元,作为满期保险金。

人寿保险是以被保险人的生存或死亡为给付保险金条件的人身保险,而年金保险则是预防被保险人因寿命过长而可能耗尽积蓄而进行的经济储备。所以,从某种意义上来说,年金保险和人寿保险的作用正好相反。

保险中的角色
和关键期

知识储备 3:保险中的角色

提起人身保险,最离不开的就是保险人、投保人、被保险人和受益人。他们在保险中各自承担的角色是什么呢?

1. 保险人:保险公司

保险人就是和投保人签订保险合同,承担赔偿责任和给付保险金的保险公司,是提供保险服务的一方。

2. 投保人:交钱的人

投保人是指与保险人订立保险合同并按照保险合同支付保险费的人。自然人与法人皆可成为投保人。投保人就是花钱买保险的人,谁掏钱消费谁就是投保人。投保人可以是一个人,也可以是一个公司。投保人是保单的所有人,也就是说,保单是归投保人所有的。作为保单的所有权人,投保人对保单的影响很大。

3. 被保险人:被保护对象

被保险人是指其财产或是人身受保险合同保护,享有保险金请求权的人。当被保险人发生风险事件触发保险条款的时候,就会发生理赔。被保险人作为保险标的,是决定能否投保、是否理赔,以及理赔多少金额的决定性因素。保险合同中大部分条款都是围绕被保险人展开的。

如果自己给自己买保险,那么本人既是投保人也是被保人。如果是妈妈付钱给孩子买的保险,那么妈妈是投保人,孩子是被保人。

《中华人民共和国保险法》(以下简称《保险法》)还规定,10 岁以下儿童在投保以身故为给付条件的保险时,最高保额不能超过 20 万元。制定这些原则和规定的主要目的是确保投保人不会利用被保险人谋利。要知道,道德风险是保险公司防范的主要风险之一。如果道德风险防范不利,被保险人很可能转化成被害人。

4. 受益人:领钱的人

受益人是指人身保险合同中由被保险人或者投保人指定的享有保险金请求权的人。投保人、被保险人可以为受益人。受益人就是出了事能得到保险公司赔偿的人。

从保险金获取条件的角度,受益人还可以分为"身故受益人"和"生存受益人",如图 4-6 所示。通俗地说,只要被保人还活着,他本人就是唯一的生存受益人。重大疾病险给付的重疾保额、医疗险报销的医疗费用、意外险和寿险的全残保险金(虽然全残,但被保人依然活着),这些都是要给生存受益人的。生存受益人默认是被保人本人,一般不可以指定为其他人。

身故受益人指的则是被保人不幸去世后保险金应该交给谁。这个身故受益人是可以指定的。如果不指定,那么默认是法定受益人(第一顺位:配偶、子女、父母;第二顺位:兄弟姐妹、祖父母、外祖父母)。

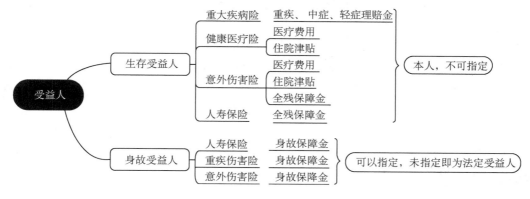

图 4-6 保险受益人

刘先生离异后再婚,与前妻王女士育有一个女儿,再婚后又与现任妻子李女士育有一个儿子。后来刘先生给儿子买了一份400万元大额教育年金保险,受益人是儿子自己。不幸的是,刘先生因车祸意外身故了。前妻王女士本来就对这件事情耿耿于怀,为什么只给儿子买,不给女儿买?当王女士知道刘先生去世后,就找到李女士,要求分割这份保单。李女士觉得自己儿子是被保险人和受益人,你分得着么?于是王女士一纸诉状将李女士儿子告上法院。法院审理后认为,虽然被保险人和受益人是李女士儿子,但刘先生是这份保单的投保人,保单的现金价值归刘先生所有。现在刘先生去世,保单的现金价值应该算是刘先生的遗产,应根据《中华人民共和国继承法》(以下简称《继承法》)继承。我国《继承法》第十条规定:第一顺序继承人是配偶、子女、父母。王女士虽然没有继承权,但其女儿作为刘先生的女儿,拥有合法继承权。刘先生的父母也同样拥有合法继承权。这份保单的现金价值现在已经达到400万元。刘先生的父母、前妻的女儿、现任妻子李女士和儿子5人拥有平等继承权,每人平均80万元。法院最终判定,李女士儿子需要向刘先生女儿及父母各支付80万元。

保单的现金价值是归投保人所有的。如果投保人身故,保单现金价值可以作为遗产进行处理;如果投保人欠债被强制执行,保单现金价值也可以作为投保人资产被执行。

保单的现金价值是属于投保人的,保险理赔金是属于受益人的,有没有什么是属于被保险人的呢?

张先生5年前买了一份100万元保额的寿险,指明受益人是儿子小张。今年初张先生和儿子一起坐飞机出行,结果不幸飞机出事,二人都遇难了,并且查不出来死亡顺序谁先谁后。保险公司应该把这100万元的赔偿金给谁?

正确的处理方式是,这笔赔偿金应该作为张先生的遗产处理。

《保险法》第四十二条规定，被保险人死亡后，有下列情形之一的，保险金作为被保险人的遗产，由保险人依照《继承法》的规定履行给付保险金的义务：受益人与被保险人在同一事件中死亡，且不能确定死亡先后顺序的，推定受益人死亡在先。所以张先生的保险理赔金将作为张先生的遗产，按照《继承法》进行处理，先还债、交税，剩余部分按顺序继承。

不同于投保人和受益人，被保险人往往不能指定两人或两人以上。如果想指定多人为被保险人，最直接的办法是分别给每个人投保一份保险。

知识储备 4：保险中的关键期

保险条款里有很多关于时间的规定，重点需要搞懂 3 个关键期。

1. 犹豫期：可全额退款

保险不是强买强卖，你掏钱买完后，保险公司一般会给一段冷静考虑的时间。这段时间就叫作"犹豫期"，和我们网购"7 天无理由退款"差不多。不同险种的犹豫期时间都有区别。

长期保险：像重疾险、人寿保险，犹豫期一般为 10～20 天。

一年期保险：像健康医疗险、意外伤害险是没有犹豫期的。

因此，买完保险后，要充分利用好犹豫期。如果你后悔不想要了，在这段时间内能全额退款，也没什么损失。

2. 等待期：出险不赔

在生活中，我们买到手的东西立马就能用，但保险有点不一样，为了预防骗保、带病投保等情况，很多产品都会设置"等待期"。

在等待期内出事，保险公司是不赔的。不同的险种，等待期也有所区别：

健康医疗险：一般在 30～60 天。

重疾险／人寿保险：一般在 90～180 天。

意外伤害险：没有等待期，一般在次日零点就生效。

因此，保险的等待期越短，对我们越有利。

3. 宽限期：赶紧交钱

保费一般每年一交，但有的朋友由于工作繁忙或者暂时拿不出钱，导致没法按时交费。保费没按时交，保险公司还是很人性化的，会给你一个"宽限期"。

大多数产品的宽限期为 60 天，如果在宽限期内出险，保险公司也是会赔的；但过了宽限期还是没交费，出险就不赔了。因此，如果保费欠交，大家一定要在宽限期内补交，这样保障才不会失效。

知识储备 5：人生不同阶段的保险规划

如果将人的一生按照阶段来划分，大致可分为四个阶段：未成年期、单身期、成熟期、退休期。不同阶段面临的风险是不一样的。

1. 未成年期：从孩子出生到参加工作

这一阶段的风险主要来自孩子，并由其父母来承受。对于小孩子来说，由于风险抵抗能力弱，意外和疾病发生的概率本来就比较高，要准备各种治疗乃至住院类费用的开支等；随着孩子长大读书，父母要应对各种教育成本的支出；在小学至初中阶段，父母对于孩子发生意外的风险也要进行考虑。因此，在孩子的未成年期，第一要考虑配置的是意外伤害险和重大疾病险，或者选择涵盖这两种保险的少儿综合险；第二才是考虑通过保险来准备教育金。

2. 单身期：从参加工作至结婚时期

单身期多是上班不久、收入不高的年轻人。消费型重大疾病险的价格在消费者年轻时非常便宜，但随着年龄增长会迅速变高，所以单身期年轻人可以根据自己结余状况，尽量留些保费购买长期终身重大疾病险。因为二三十年缴费的总额度其实比同额度的消费型重大疾病险一直续到七八十岁要便宜。

一般的选择是：买长期终身保险，或者少买些长期重大疾病险的额度，组合一些消费型重大疾病保险。这样，不同重疾产品叠加赔付的额度超过自身 3 年以上的收入，这应该是单身期年轻人比较科学、人性化的重大疾病险组合方式。

在长期终身重疾产品的选择方面，有几个小技巧可以控制保费。第一，可以在缴费模式方面选择更长的缴费期，虽然 30 年缴费总额比 20 年的要高，不过平均到每年就低了，这对于收入不断提高的年轻人来说是更为合算的。第二，选择产品时可以放弃一些内容，如"轻度重疾"，如果单身期年轻人保费预算有限，就可以暂时放弃这个内容。毕竟，轻度重疾带来的医疗费支出风险可以通过高额医疗费用报销的保险解决。

在身故受益人方面，单身期年轻人的家庭关系比较简单，放心不下的身后人主要就是父母，需要注明好父母的姓名、身份证号码等信息。

但要知道，意外风险是无处不在的。所以，还需要购买一份意外伤害险，给自己提供保障。

3. 成熟期：从结婚开始到退休前

这一阶段，我们不再是"一人吃饱全家不饿"，而是需要考虑身上所担负的家庭责任。例如，父母的赡养问题、作为家庭支柱的大病医疗保障、孩子的教育问题以及房贷、车贷等各种债务问题。

对于两口之家来说，生命是很脆弱的。当他（她）因为疾病或者意外事故离开之后，她（他）还要继续活下去，还有义务继续照顾家人，车贷、房贷还要继续偿还。因此，"意外伤害险＋重大疾病险"是夫妻二人的基础保障。如果经济条件允许，还可以考虑灵活缴费、中途可取钱的万能保险。

对于这个阶段的我们而言，上有老下有小，在享受天伦之乐的同时，也承担了前所未有的责任，要给父母养老，要给孩子提供良好的教育，要给家人良好的生活水平，可能由于工作的繁忙，还要经常外出，意外风险也无处不在。随着身体状况下降，重大疾病也在威胁着健康。所以除了意外伤害险和重大疾病险，一份定期寿险的保单也是必要的。一旦真的因身体健康原因或者意外事故导致身故，足够的保额赔偿也能保障家人未来一段时间的正常生活,这也是对他们的一份责任和爱。因此对于三口之家的保险规划建议是:意外伤害险＋重大疾病险＋定期寿险。到家庭中期阶段,还可适度积累一些能够终身稳定领取的年金保险。

4. 退休期:退休后

随着年龄的增长,到了退休的年纪,医疗风险逐步增高,这时我们需要有充足的养老资金,以确保生病期间可以有所依靠。退休的人群是买保险比较尴尬的阶段。什么保险都需要,但什么保险都买不到。骨头脆,需要意外伤害险;身体差,需要健康医疗险;收入锐减,需要养老险。而步入退休期的老人是无法顺利购买大部分的保险的,只有部分意外伤害险还可以购买。只有年轻时做好了准备,才会知道未雨绸缪的好处。退休期老年人的保险规划一般是:意外伤害险(附加意外医疗)＋健康医疗险。

 小贴士

保险规划的优先原则

1. 先大人,后小孩

优先为家庭的经济支柱投保。具体来说,按照家庭成员的经济贡献度来决定投保顺序和保费。家庭支柱是家庭的保障,父母是孩子的保障。给他们买保险的意图是"一旦风险来临,让保费成为保障"。

2. 先社保,后商保

社保由企业或政府分担缴费,是性价比最高的保险,应优先参保。

3. 先生存,后生活

先购买意外伤害险、重大疾病险和人寿保险保障"生命",再购买教育保险、养老保险这些保障生活质量。

4. 先保障,后理财

当面对各种风险时我们应遵循的投保原则是:保障＞理财＞意外＞疾病＞寿险。

5. "双十原则"

保障额度为 10 倍家庭年收入。保费支出不超过家庭年收入的 10％。

 知识储备 6:财产保险

财产保险是指投保人根据合同约定,向保险人交付保险费,保险人按保险合同的约定对所承保的财产及其有关利益因自然灾害或意外事故造成的损失承担赔偿责任的保险。财产保险与生活息息相关,包括车险以及家财险等。

1. 车险

汽车已逐渐成为人们生活中不可或缺的必需品,随着购买车辆的人越来越多,汽车在家庭财富中的占比也逐渐增加,所以车险也是个人财产险中很重要的一部分。车险主要分为两大类:交强险和商业险。

交强险是国家强制购买的,主要保障的是:如果因为你的原因造成了别人伤亡或者车受损,保险公司就会帮你承担一部分花费。但是,交强险有两个限制,第一,交强险不保障你自己的人或车受损,只能进行赔偿;第二,其赔偿金很少。那应对这样的情况,我们就还需要配置一些商业险。具体如表4-4所示。

表 4-4　汽车商业险分为 4 种主险和 11 种附加险

类别		投保险种	免赔率
商业保险	主险	1. 车损险(机动车损伤保险)	按事故责任等因素确定(5%~40%)
		2. 第三者责任险	按事故责任等因素确定(5%~30%)
		3. 机动车全车盗抢保险	按能否提供相关资料证件(20%~22%)
		4. 机动车车上人员责任保险(分司机/乘客)	按事故责任等因建议买素确定(5%~20%)
	附加险	5. 玻璃单独破碎险	5%~40%
		6. 自燃损失险	20%
		7. 新增加设备损失险	15%
		8. 车身划痕损失险	15%
		9. 发动机涉水损失险	15%
		10. 修理期间费用补偿险	1 天的赔偿金额
		11. 车上货物责任险	20%
		12. 精神损害抚慰金责任险	20%
		13. 不计免赔险	—
		14. 机动车损失保险无法找到第三方特约险	—
		15. 指定修理厂险	—

对于车险的缴纳,现在各大保险公司都推出了免费的车险计算器 App,我们以 360 车险计算器为例,假设购买一辆价款为 15 万元的 6 座以下的汽车,就可以计算出各种相关的保险费用,我们可以按需选择购买基本保障、经济性保障、全险,具体如图 4-7 所示。

2. 家庭财产保险

家庭财产保险简称家财险,是个人和家庭投保的最主要险种。凡存放、坐落在保险单列明的地址,属于被保险人自有的家庭财产,都可以向保险人投保家庭财产保险。

家庭财产保险的投保范围一般包括房屋及房屋装修,衣服、卧具,家具、燃气用具、厨具、乐器、体育器械,家用电器;附加险有盗窃、抢劫和金银首饰、钞票、债券保险以及第三者责任保险等,具体如图 4-8 所示。

值得注意的是,价值太大或无法确定具体价值的财产,非实物财产,非法占用、处于危险状态下的财产,各种交通工具、养殖及动植物、无线通信工具、日用消耗品等不属于家财险的保险范围。

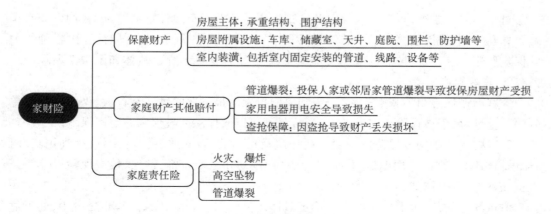

图 4-7　360 车险计算器

图 4-8　家财险的投保范围

案例分析

　　贵阳市陈先生于 2019 年在某保险公司投保家财险时选择了室内财产项目,并在投保单上告知自家的一台电视机价值 8 000 元。2020 年 3 月,陈先生家在遭遇冰雹后电视机因漏电遭受损坏。保险公司在理赔调查后得知,目前同类电视机已经降价到 4 500 元,由于赔偿额只能按照保险事故发生时的实际价值计算,陈先生最后只能得到 4 500 元现金赔偿。

|财商任务单——保险规划|

　　陈先生现年 30 岁,在某国有企业任职。他与妻子有一子,儿子读幼儿园小班,陈先生月收入为 1 万元,妻子为 5 000 元。双方父母身体健康。目前家庭中有 30 万元房贷、10 万流动资产,每月开支 7 000 元。请思考该家庭成员需购买保险的顺序及种类。

|财商任务单——车险计算|

　　请同学们通过 360 车险计算器计算出一辆价款为 20 万元的 6 座以下的汽车应交车险为多少。

主题五　公民税收常识

学习导航

知识目标：

1. 了解诚信纳税的重要性
2. 认知偷税漏税法律责任
3. 了解税收具体税种
4. 了解个人所得税的纳税申报

能力目标：

1. 树立税收法治观念
2. 会打印个人所得税完税凭证
3. 能进行单月个人所得税计算
4. 能完成个人所得税汇算清缴

思维导图

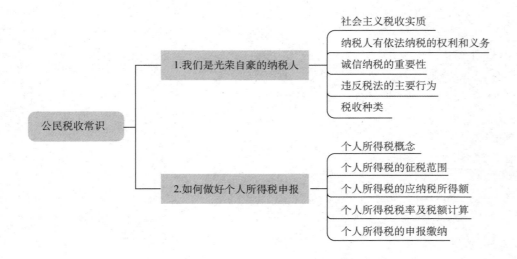

话题一：我们是光荣自豪的纳税人

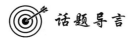

话题导言

小芳同学了解到税收是"取之于民、用之于民"的,她立志要成为一名光荣自豪的纳税人。她对好朋友小月说:"以后我要努力工作,挣的收入多,交的税就多,才能为税收做贡献。"小月说:"不一定是直接纳税人才能为税收作出贡献,我们的各类消费都索要发票,这也是在为税收做贡献。"同学们,请问小月说得对吗? 你知道纳税人的权利和义务还有哪些吗?

知识储备1：社会主义税收实质

我国是人民民主专政的社会主义国家。社会主义税收是国家为组织财政收入而参与国民收入分配和再分配的一种形式,是社会主义国家按照税率向征收对象征收的货币收入。国家依据和运用经济规律调节经济关系,加强计划管理的重要经济杠杆。

从我国税收的用途来看,我国社会主义税收是为广大劳动者利益服务的,它直接或间接地用于为劳动者造福的各项事业。国家通过税收筹集的资金,按照国家预算的安排,有计划地用于发展社会主义经济,发展社会主义科学、文化、教育、卫生事业,用于加强战备、巩固国防等。这些都是直接关系到劳动者根本利益的。与此同时,国家在生产发展的基础上,还不断提高居民的物质文化生活水平。近年来,国家拿出大量资金用于改善城乡居民的物质文化生活,包括提高农副产品的收购价格、各种价格补贴、提高工资、安置城镇待业青年和新建民用住宅等。从以上我国社会主义税收的来源和用途可以看到,我国社会主义税收的本质,是国家筹集社会主义建设资金的工具,是为广大居民利益服务的,体现了一种"取之于民、用之于民"的社会主义分配关系。

知识储备2：纳税人有依法纳税的权利和义务

税收能够确保国家的长治久安,以及公共基础设施的完善,为公民提供更好的生活环境。公民在享受国家提供的各种服务的同时,必须自觉诚信纳税,为祖国的繁荣富强做贡献,这是公民的基本义务,也是公民爱国的具体表现。依法纳税是我们每个中国公民应尽的义务。

第一,我们要树立"纳税人"意识,能自觉履行纳税的义务。牢记社会主义税收是取之于民、用之于民的新型税收,劳动人民是税收的最终受益者;权利和义务是统一的,公民享受国家提供的服务,就必须承担相应的义务;自觉纳税是公民具有社会责任感和国家主人翁地位的体现。

第二,我们要正确行使纳税人权利,积极关注国家对税收的使用,监督税务机关的执法行为。在我国,纳税人是国家的主人,对税的征收和使用直接关系到国家的发展和纳税人的利益。

在我国现有税法规定的范围内,不一定每个公民都是直接纳税人,但人人都应该有"纳税人"意识,一旦成为法律规定的纳税人,都能够自觉履行纳税人义务,行使纳税人的权利。

 小贴士

《中华人民共和国税收征收管理法》中纳税人享有的权利和义务

纳税人的权利包括:保密权、申请退税权、求偿权、复议起诉权、检举权等。

纳税人的义务包括:按时缴纳或解缴税款的义务;代扣、代收税款的义务;依法办理税务登记的义务;按照规定使用税务登记证件的义务;依法设置账簿、进行核算并保管账簿和有关资料的义务;备案财务会计制度或办法、会计核算软件的义务;按照规定开具、使用、取得发票的义务;按照规定安装、使用税控装置的义务;办理纳税申报和报送纳税资料的义务;延期申报必须预缴税款的义务;不得拒绝扣缴义务人代扣、代收税款的义务;依法计价核算与关联企业之间的业务往来的义务;结清税款或提供担保的义务;欠税人应当向抵押权人、质权人说明欠税情况的义务;继续纳税和承担连带责任的义务;向税务机关提供税务信息的义务;接受税务检查的义务;发生纳税争议先缴纳税款或提供担保的义务。

国家税务总局为了规范纳税服务方式,提高纳税服务效率的重要措施,在纳税人依法履行纳税义务和行使权利的过程中,为纳税人提供规范、全面、便捷、经济的各项服务,推出了 12366 纳税服务热线。"12366,听得见的纳税服务"。此服务热线向纳税人提供以下服务:纳税咨询服务,为纳税人提供税收法律法规和政策、征管规定、涉税信息等咨询查询服务;办税指南服务,主要是为纳税人办理税务登记、发票购领、申报纳税等涉税事项的程序、手续提供咨询服务;涉税举报服务,主要是为纳税人举报税收违法行为等提供服务;投诉监督服务,主要是为纳税人对税务机关行风、服务质量及税务人员违法违纪行为的监督投诉提供服务。

 知识储备 3:诚信纳税的重要性

诚信纳税有利于促进市场经济的健康发展。健全的法制与公平的竞争环境是保障市场经济健康发展的要件。实施诚信纳税,以财力保障政府职能的行使,为市场经济的健康发展提供了保证。诚信纳税的本身就可以营造良好的税收法制与公平的纳税环境,它是市场经济健康发展所不可或缺的条件。

诚信纳税利国利民。政府通过提供优质的公共物品,如强大稳固的国防、优质的社会经济秩序和良好的治安、完备的公共设施和优美的社会环境、优质高效的政府服务、完善的教育体系、卫生服务体系、健全的社会保障制度等,为全体公民营造一个安全、稳定、公平、和谐的工作和生活环境。诚信纳税使得国家财力有所保障,政府可以为百姓提供更多更好的公共物品,国家日益强大,人民日益富足。

诚信纳税可以降低征收成本。如果纳税人缺乏诚信度,税务部门就需要花大量的人力、物力,加强税务稽查的力度,这无形中增加了征收费用,提高了成本。相反,如果纳税人讲诚信,纳税的自觉性高,税务部门就可以给依法纳税者以较大的自由度,取消或简化一些不必要的管理程序,从而提高征管效率,节约征收费用,降低征收成本。

诚信纳税有利于维护企业的商誉。在市场经济条件下,企业的商誉不仅包括其在生产经营活动及商业交易中的诚信度,还包括其诚信纳税的情况。诚信纳税传播着企业良好的商业信誉,成为衡量企业商业信誉的重要尺度。只有诚信纳税的企业才会赢得较高的商业信誉和更多的商机。

 小贴士

税收违法黑名单

税收违法黑名单是纳税人实施税收违法行为后,税务机关以黑名单的形式予以公布,并与国家发展改革委、国家工商总局、公安部等联合实施惩戒。这一制度充分发挥了舆论监督作用,将有利于营造诚实守信的社会风气和氛围。税务部门公布的税收违法黑名单将向社会公开达到一定涉案金额的偷税和逃避追缴欠税、骗取出口退税、抗税、虚开增值税专用发票以及普通发票等8类税收违法案件。

这些案件的违法事实、法律依据、处理处罚情况不但会被曝光,就连违法当事人的基本信息也会被一并公布,如性别及身份证、企业法定代表人及财务负责人姓名、注册地址、法人名称、相关中介机构责任人、社会信用代码或纳税人识别号。

 知识储备4:违反税法的主要行为

1. 偷税

偷税是指纳税人有意违反税法规定,用欺骗、隐瞒等方式不缴或少缴应缴税款的行为。偷税的手段有多种,如伪造、销毁、涂改账本和票据,隐瞒经营利润等。

 案例分析

2018年6月初,群众举报范冰冰"阴阳合同"涉税问题后,国家税务总局高度重视,当即责成江苏等地税务机关依法开展调查核实。从调查核实情况看,范冰冰在电影《大轰炸》剧组拍摄过程中实际取得片酬 3 000 万元,其中 1 000 万元已经申报纳税,其余 2 000 万元以拆分合同方式偷逃个人所得税 618 万元,少缴税金及附加 112 万元,合计 730 万元。此外,还查出范冰冰及其担任法定代表人的企业少缴税款 2.48 亿元,其中偷逃税款 1.34 亿元。

对于上述违法行为,根据国家税务总局指定管辖,江苏省税务局依据《中华人民共和国税收征收管理法》第三十二条、第五十二条的规定,对范冰冰及其担任法定代表人的企业追缴税款 2.55 亿元,加收滞纳金 0.33 亿元;依据《中华人民共和国税收征收管理法》第六十三条的规定,对范冰冰采取拆分合同手段隐瞒真实收入偷逃税款处 4 倍罚款计 2.4 亿元,对其利用工作室账户隐匿个人报酬的真实性质偷逃税款处 3 倍罚款计 2.39 亿元;对其担任法定代表人的企业少计收入偷逃税款处 1 倍罚款计 94.6 万元;依据《中华人民共和国税收征收管理法》第六十九条和《中华人民共和国税收征收管理法实施细则》第九十三条的规定,对其担任法定代表人的两户企业未代扣代缴个人所得税和非法提供便利协助少缴税款各处 0.5 倍罚款,分别计 0.51 亿元、0.65 亿元。

 知识拓展

纳税人采取欺骗、隐瞒手段进行虚假纳税申报或者不申报、逃避缴纳税款数额较大并且占应纳税额 10% 以上的,处 3 年以下有期徒刑或者拘役,并处罚金;数额巨大并且占应纳税额 30% 以上的,处 3 年以上 7 年以下有期徒刑,并处罚金。经税务机关依法下达追缴通知后,补缴应纳税款,缴纳滞纳金,已受行政处罚的,不予追究刑事责任;但是,5 年内因逃避缴纳税款受过刑事处罚或者被税务机关给予 2 次以上行政处罚的除外。

2. 欠税

欠税是纳税人超过税务机关核定的纳税期限,没有按时缴纳而拖欠税款的行为。应税项目的纳税期限是 1～15 天,但超过 5 天还未缴纳税款;或者纳税期限是 30 天,但超过 7 天还未缴纳税款,就属于欠税行为。

 案例分析

2015 年 4 月至 5 月,厦门某包装工业有限公司因经营不善,资金链断裂,企业走逃形成欠税约 17 万元,经税务机关责令限期缴纳后仍未缴清税款,截至 2017 年 3 月 3 日,已形成滞纳金超过 5 万元。

在追缴税款的过程中,翔安国税税管员时刻关注该企业信息,得知区人民法院已冻结查封该企业资产,不日将公开拍卖。

在翔安法院执行局的积极配合和支持下,3 月 3 日,企业所欠税款及其滞纳金近 23 万元成功解缴入国库。至此,对该包装工业公司历时近 2 年的欠税追缴工作,终于画上了圆满的句号。

知识拓展

1. 关于税收优先权

当税收债权与其他债权并存时,税收债权就债务人的全部财产优先于其他债权受清偿。税务机关征收税款,税收优先于无担保债权,法律另有规定的除外;纳税人欠缴的税款发生在纳税人以其财产设定抵押、质押或者纳税人的财产被留置之前,税收应当先于抵押权、质权、留置权执行。纳税人欠缴税款,同时又被行政机关决定处以罚款、没收违法所得的,税收优先于罚款、没收违法所得。

2. 未按期限缴纳税款的滞纳金如何计算

纳税人未按照规定期限缴纳税款的,扣缴义务人未按照规定期限解缴税款的,税务机关除责令限期缴纳外,从滞纳税款之日起,按日加收滞纳税款5‰的滞纳金。

3. 由税务机关责令限期缴纳,逾期仍未缴纳的

由税务机关责令限期缴纳,逾期仍未缴纳的,经县以上税务局(分局)局长批准,税务机关可以采取强制执行措施,对前款所列纳税人、扣缴义务人、纳税担保人未缴纳的滞纳金同时强制执行。

个人及其所扶养家属维持生活必需的住房和用品,不在强制执行措施的范围之内。

3. 骗税

骗税是指纳税人用假报出口等虚构事实或隐瞒真相的方法,经过公开的合法的程序,利用国家税收优惠政策,骗取减免税或者出口退税的行为。

 案例分析

2017年3月,北京市国税局联合公安机关成功查处北京"11.01"虚开增值税专用发票案。经查实,2013年5月至2016年10月期间,犯罪嫌疑人李某通过出借2户涉案企业手机代理资质,制造正常购货假象,取得虚开增值税进项专用发票。犯罪嫌疑人赖某等人利用票货分离、变更品名、签订虚假购销合同、伪造资金流等方式向河北、天津等地1 662户企业虚开增值税专用发票2万份,涉及金额35.5亿元,税额6.0亿元。北京市国税局向下游受票企业所在地税务机关发出《已证实虚开通知单》。

 知识拓展

《中华人民共和国刑法》(以下简称《刑法》)第二百零五条规定:虚开增值税专用发票或者虚开用于骗取出口退税、抵扣税款的其他发票的,处3年以下有期徒刑或者拘役,并处2万元以上20万元以下罚金;虚开的税款数额较大或者有其他严重情节的,处3年以上10年以下有期徒刑,并处5万元以上50万元以下罚金;虚开的税款数额巨大或者有其他特别严重情节的,处10年以上有期徒刑或者无期徒刑,并处5万元以上50万元以下罚金或者没收财产。

单位犯本条规定之罪的,对单位判处罚金,并对其直接负责的主管人员和其他直接责任人员,处3年以下有期徒刑或者拘役;虚开的税款数额较大或者有其他严重情节的,处3年以上10年以下有期徒刑;虚开的税款数额巨大或者有其他特别严重情节的,处10年以上有期徒刑或者无期徒刑。

4. 抗税

抗税是指纳税人、扣缴义务人以暴力、威胁方法拒不缴纳税款的行为。对抗税行为，除由税务机关追缴其拒缴的税款、滞纳金外，依法追究刑事责任；情节轻微，未构成犯罪的，由税务机关追缴其拒缴的税款、滞纳金，并处拒缴税款 1 倍以上 5 倍以下的罚款。

案例分析

陈某是一家国有企业的经理。2016 年，该厂应缴税 715 万元，但他只缴纳了 16 万元。2017 年 6 月，税务机关在催缴未果之后，依法将该厂库存款扣押。陈某不仅不配合税务工作，反而带人阻拦，煽动不明真相的职工围攻、辱骂，非法拘禁税务人员。2017 年 10 月 7 日，当地人民法院以抗税罪处以陈某有期徒刑 1 年，并处以罚金 50 万元。

知识拓展

《刑法》第二百零二条规定：以暴力、威胁方法拒不缴纳税款的，处 3 年以下有期徒刑或者拘役，并处拒缴税款 1 倍以上 5 倍以下罚金；情节严重的，处 3 年以上 7 年以下有期徒刑，并处拒缴税款 1 倍以上 5 倍以下罚金。

主要税种介绍

知识储备 5：税收种类

税收是国家（政府）公共财政最主要的收入形式和来源。税种是一个国家税收体系中的具体税收种类，是基本的税收单元。

按征税对象分类，我国税种大体可分为以下五类，如图 5-1 所示。

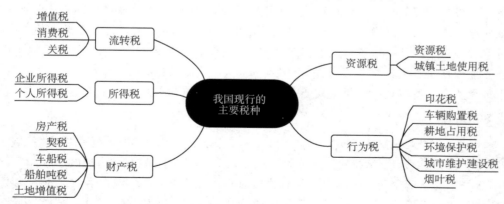

图 5-1　我国现行的主要税种结构

1. 流转税

它是对销售商品或提供劳务的流转额征收的一类税收。商品交易发生的流转额称为商品流转额。这个流转额既可以是指商品的实物流转额，也可以是指商品的货币流转额。

流转税与商品（或劳务）的交换相联系，商品无处不在，又处于不断流动之中，这决定了流转税的征税范围十分广泛；流转税的计征，只问收入有无，而不管经营好坏、成本高低、利润大小；流转税都采用比例税率或定额税率，计算简便，易于征收。流转税对保证国家及时、稳定、可靠地取得财政收入有着重要的作用。同时，它对调节生产、消费也有一定的作用。因此，流转税一直是我国的主体税种。一方面体现在它的收入在全部税收收入中所占的比重一直较大；另一方面体现在它的调节面比较广泛，对经济的调节作用一直比较显著。

我国当前开征的流转税主要有增值税、消费税和关税。

2. 所得税

税法规定应当征税的所得额，一是指有合法来源的所得。合法的所得大致包括生产经营所得（如利润等），提供劳务所得（如工资、薪金、劳务报酬等），投资所得（如股息、利息、特许权使用费收入等）和其他所得（如财产租赁所得、遗产继承所得等）四类。二是指纳税人的货币所得，或能以货币衡量或计算其价值的经济上的所得。三是指纳税人的纯所得，即纳税人在一定时期的总收入扣除成本、费用以及纳税人个人的生活费用和赡养近亲的费用后的净所得。这使税负比较符合纳税人的负担能力。四是指增强纳税能力的实际所得。例如，利息收入可增加纳税人能力，可作为所得税的征收范围。总的来说，所得税是对纳税人在一定时期（通常为 1 年）的合法收入总额减除成本费用和法定允许扣除的其他各项支出后的余额，即应纳税所得额征收的税。

所得税实行"所得多的多征，所得少的少征，无所得的不征"的原则。因此，它对调节国民收入分配，缩小纳税人之间的收入差距有着特殊的作用；同时，所得税的征收面也较为广泛，故此成为经济发达国家的主要收入来源。在我国，随着经济的发展，人民所得的增加，所得税已成为近年来收入增长较快的一类税。

我国当前开征的所得税主要有企业所得税、个人所得税。

3. 资源税

资源税是对开发、利用和占有国有自然资源的单位和个人征收的一类税。征收这类税有两个目的：一是取得资源消耗的补偿基金，保护国有资源的合理开发利用；二是调节资源级差收入，以利于企业在平等的基础上开展竞争。

我国对资源的征税主要有矿、盐。

4. 财产税

财产税是对纳税人所拥有或属其支配的财产数量或价值额征收的税，包括对财产的直接征收和对财产转移的征收。开征这类税收除为国家取得财政收入外，对提高财产的利用效果、限制财产的不必要的占有量有一定作用。

我国对财产的征税主要有房产税（外资为城市房地产税）、契税、车船税（外资为车船使用牌照税）、船舶吨位税、土地增值税。

5. 行为税

对行为的征税也称行为税，它一般是指以某些特定行为为征税对象征收的一类税收。征收这类税，或是为了对某些特定行为进行限制、调节，使微观活动符合宏观经济的要求；或只是为了开辟地方财源，达到特定的目的。这类税的设置比较灵活，其中有些税种具有临时税的性质。

我国对行为的征税主要有印花税、车辆购置税、耕地占用税、环境保护税、城市维护建设税、烟叶税。

|财商任务单——"我纳税我光荣"主题活动|

在我国,税收取之于民,用之于民。国家利益、集体利益和个人利益在根本上是一致的。国家的兴旺发达、繁荣富强与每个公民息息相关。自觉诚信纳税是每一个公民应承担的责任和义务。请同学们围绕以下几个方面,收集材料内容,做一次"我纳税我光荣"的主题分享活动,填写表5-1。

表 5-1　纳税主题相关材料

序号	项目	具体内容
1	税收的种类	
2	"纳税光荣"具体体现在哪里	
3	税收"用之于民"用在哪些地方	
3	我可以从哪些地方做起	

话题二：如何做好个人所得税申报

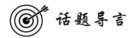

话题导言

小李的爸爸让小李周末回家帮忙填写个人所得税 App 的信息。小李说："老爸你上班这么多年了，不都是单位会计帮你代扣代缴的个人所得税吗？"小李爸爸说："现在个人所得税变化可大了，不仅起征点提高了，国家还给了我们很多优惠政策，赡养你爷爷奶奶、养育你的开销、家里的房贷都可以享受扣除。让你回来就是帮我填写这些信息的，如果汇算下来，爸爸还能退一笔税呢。"小李说："原来个人所得税还考虑了这么多的东西，真是太人性化了。"同学们，对于个人所得税你们还知道哪些内容呢？

个人所得税
介绍

 知识储备 1：个人所得税的概念

个人所得税主要是以自然人取得的各类应税所得为征税对象而征收的一种所得税。我国个人所得税法自 1980 年出台以来，进行了 7 次修正。新修改的个人所得税法于 2019 年 1 月 1 日全面实施，除提高"起征点"到 5 000 元和增加六项专项附加扣除外，还在我国历史上首次建立了综合与分类相结合的个人所得税制，通俗地讲就是"合并全年收入，按年计算税款"。这样有利于平衡不同所得税负，能更好地发挥个人所得税收入分配调节作用。

其中征税范围中的工资薪金、劳务报酬、稿酬、特许权使用费四项所得，合并为"综合所得"合并全年收入，按年计算税款，即综合税制。而经营所得、利息股息红利所得、财务租赁所得、财产转让所得和偶然所得分类按月或按次计算税款，即分类税制。个人所得税的计算在平时已预缴税款的基础上"查遗补漏，汇总收支，按年算账，多退少补"。

我国个人所得税发展历程

1980 年以后，为了适应我国对内搞活、对外开放的政策，我国相继制定了《中华人民共和国个人所得税法》《中华人民共和国城乡个体工商户所得税暂行条例》以及《中华人民共和国个人收入调节税暂行条例》。上述三个税收法律法规发布实施以后，对于调节个人收入水平、增加国家财政收入、促进对外经济技术合作与交流起到了积极作用。第八届全国人民代表大会常务委员会第四次会议于 1993 年 10 月 31 日通过了《全国人大常委会关于修改〈中华人民共和国个人所得税法〉的决定》，同日发布了修改后的《中华人民共和国个人所得税法》，1994 年 1 月 28 日国务院配套发布了《中华人民共和国个人所得税法实施条例》,规定自 1994 年 1 月 1 日起施行。

1999 年 8 月 30 日,第九届全国人民代表大会常务委员会第十一次会议对个人所得税法进行第二次修正,恢复对储蓄存款利息所得征收个人所得税。

2005 年 10 月 27 日,第十届全国人民代表大会常务委员会第十八次会议对个人所得税法进行第三次修正,一是将工资、薪金所得减除费用标准由 800 元/月提高至 1 600 元/月,二是进一步扩大了纳税人自行申报范围。修改后的新税法自 2006 年 1 月 1 日起施行。

2007 年 6 月 29 日,第十届全国人民代表大会常务委员会第二十八次会议对个人所得税法进行第四次修正,作出了减征利息税的决定。

2007 年 12 月 29 日,第十届全国人民代表大会常务委员会第三十一次会议对个人纳税法进行第五次修正,将工资、薪金所得减除费用标准由 1 600 元/月提高到 2 000 元/月,自 2008 年 3 月 1 日起施行。

2011 年 6 月 30 日,第十一届全国人民代表大会常务委员会第二十一次会议对个人所得税法进行第六次修正,将工资、薪金所得减除费用标准由 2 000 元/月提高到 3 500 元/月,调整了工薪所得税率结构,相应调整了个体工商户生产经营所得和承包承租经营所得税率级距。自 2011 年 9 月 1 日起施行。

2018 年 8 月 31 日,第十三届全国人民代表大会常务委员会第五次会议对个人所得税法进行第七次修正,此次个人所得税法修改,实现了从分类税制向综合与分类相结合税制的重大转变,将工资薪金、劳务报酬、稿酬和特许权使用费等四项所得纳入综合征税范围,实行按年汇总计算征税,将减除费用标准由 3 500 元/月提高至 5 000 元/月(60 000 元/年),优化调整了税率结构,设立了子女教育、继续教育、大病医疗、住房贷款利息、住房租金、赡养老人等六项专项附加扣除。新税法自 2019 年 1 月 1 日起全面施行,其中提高减除费用标准和优化调整税率结构等减税措施先行自 2018 年 10 月 1 日起施行。

(资源来源:节选自中华人民共和国财政部网站)

 知识储备 2:个人所得税的征税范围

个人所得税法规定的各项个人所得税的范围包括九个方面,具体如表 5-2 所示。

表 5-2 个人所得税的征税范围

序号	项目	内容
1	工资、薪金所得	个人因任职或受雇而取得的工资、薪金、奖金、年终加薪、劳动分红、津贴、补贴以及与任职或受雇有关的其他所得
2	劳动报酬所得	个人从事劳务取得的所得
3	稿酬所得	个人因其作品以图书、报刊等形式出版、发表而取得的所得
4	特许权使用费所得	个人提供专利权、著作权、商标权、非专利技术以及其他特许权的使用权取得的所得;提供著作权的使用权取得的所得

（续表）

序号	项目	内容
5	经营所得	①个体工商户从事生产、经营活动取得的所得，个人独资企业投资人、合伙企业的个人合伙人来源于境内注册的个人独资企业、合伙企业生产、经营的所得；②个人依法从事办学、医疗、咨询以及其他有偿服务活动取得的所得；③个人对企业、事业单位承包经营、承租经营以及转包、转租取得的所得；④个人从事其他生产经营活动取得的所得
6	利息、股息、红利所得	个人拥有债权、股权而取得的利息、股息、红利所得
7	财产租赁所得	个人出租不动产、机器设备、车船以及其他财产所取得的所得
8	财产转让所得	个人转让有价证券、股权、合伙企业中的财产份额、不动产、机器设备、车船以及其他财产取得的所得
9	偶然所得	个人得奖、中奖、中彩以及其他偶然性质的所得

知识储备 3：个人所得税的应纳税所得额

个人应纳税所得额是指按照税法规定确定纳税人在一定期间所获得的所有应税收入额减除在该纳税期间依法允许减除的费用后的余额，是计算个人所得税税额的计税依据。在知识储备 2 中，我们知道了个人所得税的应税项目共有九种。不同应税项目的扣除费用、征税方法和应纳税所得额的计算都有所不同。

对于正常在企业上班的工薪族来说，最常见的个人所得应税项目是工资、薪金所得，在本知识储备中我们主要讲述工资、薪金所得的应纳税所得额计算。其公式为：

应纳税所得额 ＝ 工资、薪金收入 － 基本费用 － 专项扣除 － 专项附加扣除 － 依法确定的其他扣除

工资、薪金对于正常在企业上班的工薪族来说是最常见的收入来源。它的构成主要包括工资、薪金、加薪、劳动分红及各类津贴、补贴。

基本费用项目又称个人所得税的起征点，目前我国税法规定的基本费用扣除标准为每月 5 000 元。

专项扣除项目，即三险一金，包括居民个人按照国家规定的范围和标准缴纳的基本养老保险、基本医疗保险、失业保险和住房公积金等。社会保险中所提到的工伤保险和生育保险，由企业缴纳，个人不涉及扣缴。因此这里的专项扣除项目就是三险一金。

专项附加扣除项目包括子女教育、继续教育、大病医疗、住房贷款利息，或者住房租金赡养老人等。具体的扣除办法及标准如表 5-3 所示。专项附加扣除的具体内容较多，但是可以用一句话来概括，即"上有老（赡养老人）、下有小（子女教育），住房有费用（房贷、房租），偶尔有病痛（大病医疗），个人还要求发展（继续教育）"。

依法确定的其他扣除，包括个人缴付符合国家规定的企业年金职业年金、个人购买符合国家规定的商业健康保险、税收递延型商业养老保险的支出，以及国务院规定可以扣除的其他项目。

表 5-3　专项附加扣除具体内容

专项附加扣除名称	扣除标准		适用范围和条件	享受扣除政策对象
	每年	每月		
子女教育		每个子女1 000 元	学前教育：年满 3 岁前是小学入学前	对每个子女,父母可以选择一方扣除 1 000 元,或者双方分别扣除 500 元,一经确定一个纳税年度内不能变更
			学历教育：义务教育、高中阶段教育、高等教育阶段	
继续教育		400 元	学历教育	接受教育的本人,符合规定条件的本科及以下学历教育可选择父母或本人扣除
	3 600 元		技能人员职业资格继续教育、专业技术人员职业资格继续教育	接受教育本人扣除
住房贷款利息		1 000 元	纳税人本人或者配偶单独或者共同使用银行或住房公积金个人住房贷款为本人或其配偶购买中国境内住房发生的首套住房贷款利息支出	实际发生首套贷款利息支出的期间,夫妻双方协商确定由一方扣除,夫妻双方婚前分别购买,婚后选择其中一套由购买方继续扣除,也可以由夫妻双方对各自购买住房分别按标准的 50% 扣除,一经确定一个纳税年度内不能变更
住房租金		1 500 元	直辖市、省会、计划单列市以及国务院确定的其他城市	纳税人主要工作城市没有自有住房,承租人扣除。但如果夫妻双方主要工作城市相同的,只能由一方扣除
		1 100 元	除第 1 项所列城市以外,市辖区户籍人口超过 100 万的城市	
		800 元	市辖区户籍人口不超过 100 万的城市	
赡养老人		2 000 元	独生子女	被赡养人年满 60 周岁(被赡养人是指年满 60 岁的父母以及子女均已去世的祖父母、外祖父母)
		具体分摊金额每人不得超过1 000 元	非独生子女	
大病医疗	80 000 元限额内		在医保目录范围内	纳税人发生的医药费用支出可以选择由本人或配偶扣除,未成年子女发生的医药费用可以选择由父母一方扣除

算一算：

小李是一名刚毕业的大学生,在贵阳市的一家软件公司做一名技术工程师,负责软件的售前技术指导,2021 年 1 月从单位取得工资薪金收入 12 000 元,当月三险个人缴费为 2 400 元,公积金个人缴费部分为 600 元。小李在贵阳市没有住房,租房费用为每月 1 500 元,父母健在,且是独生子女,赡养老人支出每月可以扣除 2 000 元,购买了符合条件的商业健康保险每月 200 元。请计算一下小李 1 月份的应纳税所得额是多少。

计算过程：

根据公式可知，小李应纳税所得额＝12 000(工资、薪金)－5 000(基本费用起征点)－(2 400＋600)(三险一金专项扣除)－(1 500＋2 000)(专项附加扣除)－200(依法确定的其他扣除)＝300(元)。

 知识储备 4：个人所得税税率及税额计算

1. 个人所得税税率

所得税的税率根据不同的收入项目进行设定，综合所得采用 3%～45% 的七级超额累计税率，具体如表 5-4 所示；经营所得采用 5%～35% 的五级超额累计税率，具体如表 5-5 所示；其他所得适用 20% 的比例税率。

表 5-4 综合所得个人所得税税率

级数	全年应纳税所得额	税率	速算扣除数(元)
1	不超过 36 000 元的	3%	0
2	超过 36 000 元至 144 000 元的部分	10%	2 520
3	超过 144 000 元至 300 000 元的部分	20%	16 920
4	超过 300 000 元至 420 000 元的部分	25%	31 920
5	超过 420 000 元至 660 000 元的部分	30%	52 920
6	超过 660 000 元至 960 000 元的部分	35%	85 920
7	超过 960 000 元的部分	45%	181 920

表 5-5 经营所得个人所得税税率

级数	全年应纳税所得额	税率	速算扣除数(元)
1	不超过 30 000 元的	5%	0
2	超过 30 000 元至 90 000 元的部分	10%	1 500
3	超过 90 000 元至 300 000 元的部分	20%	10 500
4	超过 300 000 元至 500 000 元的部分	30%	40 500
5	超过 500 000 元的部分	35%	65 500

2. 个人所得税预扣税额计算

扣缴义务人向居民个人支付工资、薪金所得时，应当按照累计预扣法计算预扣税款，并按月办理扣缴申报。

具体计算公式如下：

本期应预扣预缴税额 ＝（累计预扣预缴应纳税所得额 × 预扣率 － 速算扣除数）－ 累计减免税额 －
累计已预扣预缴税额

累计预扣预缴应纳税所得额 ＝ 累计收入 － 累计免税收入 － 累计减除费用 － 累计专项扣除 －
累计专项附加扣除 － 累计依法确定的其他扣除

案例分析

　　某公司员工季林 2021 年第一季度的工资如下：2021 年 1 月工资 15 000 元；2021 年 2 月工资 15 000 元，奖金 5 000 元；2021 年 3 月工资 15 000 元。五险一金每月个人缴纳 3 000 元。他有一个正在上小学的儿子，子女教育每月扣除 1 000 元；首套住房贷款利息支出每月 1 000 元；父母健在，且是独生子女，赡养老人支出每月可以扣除 2 000 元。

　　2021 年 1 月：

　　　应纳税所得额 = 15 000 － 5 000（累计减除费用）－ 3 000（累计专项扣除）－ 4 000（累计专项附加扣除）= 3 000（元）

　　　应纳税额 = 3 000 × 3% = 90（元）

　　2021 年 2 月：

　　　应纳税所得额 = （15 000 + 15 000 + 5 000）（累计收入）－ 10 000（累计减除费用）－ 6 000（累计专项扣除）－ 8 000（累计专项附加扣除）= 11 000（元）

　　　应纳税额 = 11 000 × 3% － 90（已预缴预扣税额）= 240（元）

　　2021 年 3 月：

　　　应纳税所得额 = （15 000 + 15 000 + 5 000 + 15 000）（累计收入）－ 15 000（累计基本减除费用）－ 9 000（累计专项扣除）－ 12 000（累计专项附加扣除）= 14 000（元）

　　　应纳税额 = 14 000 × 3% － （90 + 240）（已预缴预扣税额）= 90（元）

　　现在有很多个个人所得税的计算器，我们只要根据实际情况录入具体数据，计算器会自动计算出应缴纳的税款，如图 5-2 所示。

个人所得税计算器

图 5-2　个人所得税计算器界面

知识储备 5：个人所得税的申报缴纳

我国对个人所得税的征收，采取由支付单位源泉扣缴和纳税人自行申报两种方法，即凡是可以在应税所得的支付环节扣缴个人所得税的，均由扣缴义务人履行代扣代缴义务；对于没有扣缴义务人的，个人在两处以上取得工资、薪金所得的，以及个人所得超过国务院规定数额（即年所得 12 万元以上）的，由纳税人自行申报纳税。此外，对其他不便于扣缴税款的，亦规定由纳税人自行申报纳税。

1. 平时扣缴义务人预扣预缴申报

个人所得税扣缴义务人就是向个人支付现金、实物、有价证券的单位及个人。对正常在企业上班的工薪族来说，发放工资的单位或企业，甚至是个人老板，就是个人所得税扣缴义务人。

对正常在企业上班的工薪族来说，个人所得税每月由所在单位会计根据工资、薪金所得计算后在工资中代扣，于次月 15 日内向主管税务机关完成预扣预缴申报。也就是说平时我们个人所得税的预扣预缴，从计算到申报都不由我们自己完成，而是我们工作单位会计的工作。

2. 个人年终综合所得汇算清缴概述

个人年度综合所得汇算清缴指的是年度终了后，纳税人汇总工资薪金、劳务报酬、稿酬、特许权使用费等四项综合所得的全年收入额，减去全年的费用和扣除，得出应纳税所得额并按照综合所得年度税率表，计算全年应纳个人所得税，再减去年度内已经预缴的税款，向税务机关办理年度纳税申报并结清应退或应补税款的过程。

年度汇算的主体是居民个人，非居民个人无需办理年度汇算。年度汇算的范围、内容是纳入综合所得范围的工资薪金、劳务报酬、稿酬、特许权使用费等四项所得，经营所得、利息股息红利所得、财产租赁所得等分类所得均不纳入年度汇算。年度汇算时间为取得所得的次年 3 月 1 日至 6 月 30 日。

平时我们个税的预扣预缴申报不由我们个人完成，但到年终时，如果你同时符合以下条件，就需要自己办理年度汇算清缴。

（1）税法规定的中国居民个人。

（2）在一个纳税年度内（如 2020 年 1 月 1 日至 12 月 31 日期间）取得了工资薪金、劳务报酬、稿酬或者特许权使用费所得中的一项或多项。

（3）按年综合计税后需要申请退税（自愿放弃退税除外），或者应当补税且存在以下情形之一：①综合所得年收入高于 12 万元且应补税金额高于 400 元；②取得收入时，扣缴义务人未依法预扣预缴个人所得税。

如果不太清楚自己全年收入金额、已缴税额，或者无法确定自己应该补税还是退税，或者不知道自己是否符合免于办理的条件，可以通过以下途径解决：

一是可以要求扣缴单位提供，按照税法规定，单位有责任将已发放的收入和已预缴税款等情况告诉纳税人；

二是可以登录网上税务局（包括手机个人所得税 App，下同），查询本人年度的收入和纳税申报记录；

　　三是年度汇算开始后，税务机关将通过网上税务局，根据一定规则为纳税人提供申报表预填服务，如果纳税人对预填的收入、已预缴税款等结果没有异议，系统就会自动计算出应补或应退税款，纳税人就可以知道自己是否需要办理年度汇算了。

　　3. 年终综合所得汇算清缴具体操作

　　个人可以通过手机个人所得税 App 和当地税务局网站上【自然人电子税务局】端口完成年终综合所得汇算清缴。下面我们着重讲使用手机个人所得税 App 进行年终综合所得汇算清缴。

　　在使用手机个人所得税 App 进行年终综合所得汇算清缴，我们先下载国家税务总局发布的个人所得税 App，进行注册后登录。

　　第一，首次办理需要绑定银行卡。具体操作如下：点击【个人中心】【银行卡】，点击【添加】功能进行银行卡的绑定，且必须是凭本人有效身份证件开户的银行卡（建议为中国境内办理的Ⅰ类银行卡。）；后续可以使用绑定的银行卡来完成税款的缴税与退税。具体操作如图 5-3 所示。

图 5-3　个人所得税 App 绑定银行卡操作图示

　　第二，专项附加扣除填报。专项附加扣除的填报包括子女教育、继续教育、大病医疗、住房贷款利息、住房租金和赡养老人六个方面。政策规定这个信息的填报需纳税人每年提交一次。操作如图 5-4 所示。

　　第三，正式填报。我们通过首页的"××年综合所得年度汇算"（这里以 2020 年为例）进入或者通过"综合所得年度汇算"进入填报界面，选择"2020 年度（已开始）"。进

图 5-4 个人所得税 App 专项附加扣除填报操作图示

入填写界面后有"申报表预填服务"或者"填写空白申报表"两种模式可选。一般我们会选择"申报表预填服务",这种模式会自动带出当年预扣预缴的数据,方便我们填报。而对这些数据可以根据实际情况选择修改,确认无误后提交即可。操作如图 5-5 和图 5-6 所示。

图 5-5 个人所得税 App 综合所得年度汇算操作 1

图 5-6　个人所得税 App 综合所得年度汇算操作 2

4. 个人查询收入明细及申诉操作

申报完成以后需要查看申报记录的操作:【首页】【我要查询】【申报信息查询】【申报查询】,如果对查询到的收入明细有异议,可以进行"申诉"操作,操作如图 5-8 所示。

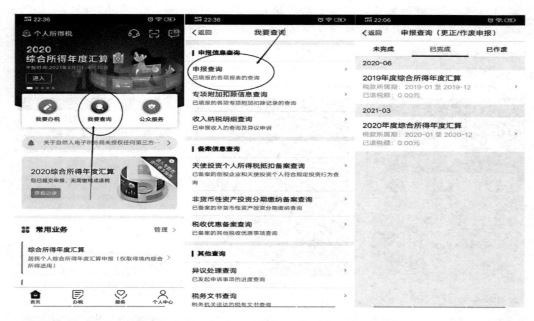

图 5-7　个人所得税 App 个人查询收入明细及申诉操作

5. 纳税记录的打印

纳税记录(见图 5-8)又称作税收完税证明,是税务机关为证明纳税人已经缴纳税款或者已经退还纳税人税款而开具的凭证。

(2021)0309 记录 00018846

中华人民共和国
个人所得税纳税记录

(原《税收完税证明》)

查询验证码

7GZY SFGP PN1V
92BJ

记 录 期 间：2021年01月-2021年01月

纳税人名称：石■■　　　　　　　　　纳税人识别号：520■■■■■■■■■■

身份证件类型：居民身份证　　　　　　身份证件号码：520■■■■■■■■■■

金额单位:元

申报日期	实缴(退)金额	入(退)库日期	所得项目	税款所属期	入库税务机关	备注
2021.02.04	186.60	2021.02.05	工资薪金所得	2021.01	国家税务总局贵阳市云岩区税务局	
2021.02.06	15.00	2021.02.08	工资薪金所得	2021.01	国家税务总局海口市税务局	
金额合计	贰佰零壹元陆角整					

说明：

1.本记录涉及纳税人敏感信息，请妥善保存；

2.您可以通过以下方式对本记录进行验证：

　(1)通过手机App扫描右上角二维码进行验证；

　(2)通过自然人电子税务局输入右上角查询验证码进行验证；

3.不同打印设备造成的色差不影响使用效力。

本凭证不作为纳税人记账、抵扣凭证

开具机关(盖章)：

业务专用章

开具时间：2021年08月09日

当前第1页，共1页

图 5-8　纳税记录

　　税收完税证明作为个人收入和信用情况的重要证明材料，用到的地方越来越多。例如，公民在申请出国留学时要提供税收完税证明；在一些赔偿纠纷中，税收完税证明常常被用作确定对当事人人身伤害赔偿或误工补偿金额的重要依据；工作变动时，税收完税证明将成为与新单位谈"身价"的有力证明。此外，在公民贷款、购房时，税收完税证明也发挥着越来越重要的作用。

　　我们在需要时可以进入【自然人电子税务局】打印。

　　具体操作如下：进入【自然人电子税务局】网站（网址为 https://etax.chinatax.gov.cn/），打开手机软件"个人所得税"，选择"扫一扫"或者输入账号密码进行登录，选择【特色应用】下【纳税记录开具】,具体操作如图 5-9 至图 5-12 所示。

图 5-9　打印纳税记录操作 1

图 5-10　打印纳税记录操作 2

图 5-11　打印纳税记录操作 3

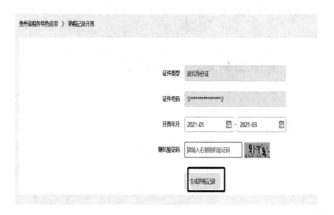

图 5-12　打印纳税记录操作 4

|**财商任务单——个人所得税预扣税额计算**|

　　某公司员工王军 2021 年第一季度工资如下：2021 年 1 月工资 18 000 元；2021 年 2 月工资 18 000 元；2021 年 3 月工资 18 000 元，奖金 10 000 元。五险一金每月个人缴纳 3 200 元。他还未结婚，首套住房贷款利息支出每月 1 000 元；父母健在，且是独生子女，赡养老人支出每月可以扣除 2 000 元。使用个人所得税计算器为王军算算他 1～3 月分别应预缴多少个人所得税。

主题六 防骗拒"贷"

学习导航

知识目标：

1. 了解电信诈骗的特点和手法
2. 了解社交网络诈骗
3. 了解套路贷、校园贷等常见手法
4. 认知传销主要手段和危害

能力目标：

增强自我保护意识，能识别常见诈骗手法

思维导图

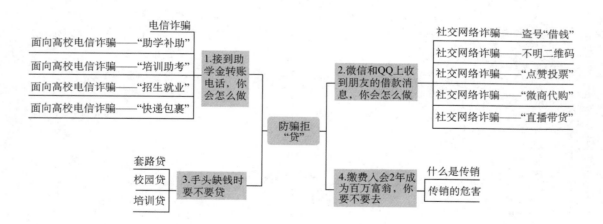

电信诈骗
面向高校电信诈骗——"助学补助"
面向高校电信诈骗——"培训助考"
面向高校电信诈骗——"招生就业"
面向高校电信诈骗——"快递包裹"

1.接到助学金转账电话，你会怎么做

社交网络诈骗——盗号"借钱"
社交网络诈骗——不明二维码
社交网络诈骗——"点赞投票"
社交网络诈骗——"微商代购"
社交网络诈骗——"直播带货"

2.微信和QQ上收到朋友的借款消息，你会怎么做

防骗拒"贷"

套路贷
校园贷
培训贷

3.手头缺钱时要不要贷

4.缴费入会2年成为百万富翁，你要不要去

什么是传销
传销的危害

话题一：接到助学金转账电话，你会怎么做

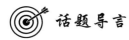 **话题导言**

　　暑假的一天，王同学接到了自称国家助学金办理机构的电话，对方能准确地说出王同学的姓名、就读学校和家住地址。对方称王同学之前申请的"雨露计划"助学金无法转至其银行卡上，让小王联系"财政局"，并提供了"财政局"的联系方式。"财政局"的工作人员称要将 4 000 元助学金转到王同学的银行卡上，但是王同学的银行卡有问题，需把卡上的 8 900 元余额取出并存到指定的账户上，再把 4 000 元助学金和卡上的 8 900 元一起转还给王同学。王同学此刻应该转款过去吗？除了对方提供的"财政局"电话，他还应通过哪些途径核实和了解本次助学金办理？

 知识储备 1：电信诈骗

擦亮双眼，
防范电信
网络诈骗

　　电信诈骗是指通过电话、网络和短信方式，编造虚假信息，设置骗局，对受害人实施远程、非接触式诈骗，诱使受害人打款或转账的犯罪行为，通常以冒充他人及仿冒、伪造各种合法外衣和形式的方式达到欺骗的目的。据了解，2015 年，我国境内接到电信网络诈骗信息的人数超过 4 亿人，专职从事电信网络诈骗的人数超过了 160 万人，累计诈骗金额高达 1 100 亿元。

 **小思考**

　　说一说你是否曾经收到过疑似电信网络诈骗相关电话或短信。你是怎么处理的？

　　电信诈骗的蔓延性比较大，发展迅速，诈骗手段翻新速度很快，具有团伙作案、跨国跨境诈骗等特点。随着我国各地公安机关打击治理工作的深入推进，打击力度逐渐加强，境内外诈骗团伙纷纷躲避风头、变换手法，当前电信诈骗犯罪活动出现了一些新的情况和特点。

　　1. 诈骗犯罪团伙呈现公司化、集团化管理
　　诈骗犯罪团伙组织严密，分工明确，包括话务组、办卡组、转账组、取款组等。
　　2. 作案手段更趋隐蔽
　　犯罪团伙利用 VOIP 网络电话批量自动群拨电话和利用网上银行转账的情况比较突出，操作的服务器和 IP 地址大多在境外。
　　3. 诈骗手法更加精准
　　警方查处的案件显示出，不少诈骗团伙已经从过去的"乱枪打鸟"升级到"精准下套"，

从过去往往用群呼、群发设备漫天撒网式打电话、发短信逐渐发展成通过购买或利用钓鱼网站、黑客攻击、木马盗取等手段收集个人信息，由于能准确报出姓名、身份证号甚至住址、家庭情况、车牌号等信息，诈骗犯罪得手率更高。诈骗内容由专人策划设计，针对不同受害群体量身定做，步步设套，一段时间冒出一个新手法，且有升级的趋势。

 知识储备 2：面向高校电信诈骗——"助学补助"

每年开学季是发放各种助学补助申请的高峰期，而犯罪分子正是利用这个时机，从非法渠道掌握了精准的个人信息资料，随后冒充学校等单位工作人员，向困难群众、学生家长等打电话、发短信，谎称可以领取补助金、救助金、助学金、奖学金等，要其提供银行卡号，然后以资金到账查询为由，指令其在自动取款机上进行操作，将钱取走。

被骗光学费，准大学生徐玉玉心脏骤停

2016 年，徐玉玉以 586 分的成绩被南京邮电大学录取。2016 年 8 月 17 日，徐玉玉的父亲带着女儿到区教育局办理了针对困难学生的助学金申请。隔天接到教育局电话，说钱过几天就能发下来。

2016 年 8 月 19 日下午 4 点多，一个陌生电话直接打到徐玉玉母亲李自云的手机上。问了一句，今年你家里面是不是有学生考上大学了？在得到了肯定的答案之后，这名男子就自称自己是教育局的，有一笔助学金要发放。由于"听不懂"，母亲将电话转给了徐玉玉。电话里的人称，有一笔助学金要发放给徐玉玉，并询问了徐玉玉家附近有没有银行之类的问题。诱导带着试探，这通电话 5 分钟内就把徐玉玉的家庭情况问了个清楚。

家境贫寒的徐玉玉急于得到这笔助学金，披上雨衣，骑着车子，冒着大雨来到了附近的银行，第一时间给对方打了电话。对方称必须先将徐玉玉卡中的钱取出转给他，理由是"为了激活银行卡"。对方表示，徐玉玉只要将钱转账到自己指定的账户，半小时内他就会把 2 600 元助学金连同转过来的钱一起汇给徐玉玉。徐玉玉按照对方的要求做了，她将父母东拼西凑来的 9 900 元学费汇给了对方。结果半小时过去了，音讯全无，徐玉玉才意识到事情不对劲，再拨打对方手机，却发现手机关机了。

高中住校每个月只舍得花 200 多元吃饭的她，深知这 9 900 元钱的学费是怎么凑起来的，深知这些钱对她的家庭意味着什么。被骗当晚，徐玉玉和父亲去了派出所报案，民警记录案情后让父女俩回家等消息，从派出所出来不到 2 分钟，父亲徐连彬发现徐玉玉歪倒在了三轮车上，不省人事。徐玉玉立刻被送往临沂罗庄中心医院，经过一系列抢救，当天暂时保住了生命，但一天后，徐玉玉还是没能挺过来。她本该于 9 月 1 日开始大学生活，却因为这一通诈骗电话而永远终结在 2016 年的夏天。医生说，徐玉玉的情况属于猝死。

（资料来源：节选自《反电信网络诈骗·全民指南》，作者：李易）

请思考:徐玉玉是如何在犯罪分子的引导下一步一步被骗的? 在这个过程中,徐玉玉可以采取什么方式避免最后被骗?

 小贴士

防骗指南

针对此类骗局需谨记下面几条,犯罪分子的骗局就会被轻易识破:

(1)贫困学生助学金要经过严格审批,学生持学校录取通知书及贫困证明等有关材料向学校提出申请,学校根据学生贫困情况和申请人数进行初审,然后上报学生资助管理部门。如果没有提交材料,有关部门不可能突然提供助学金。

(2)银行卡是教育部门集中为受助学生办理的,学生集体领卡,资助奖金以学校为单位统一发放,不会有个别人单独发放的现象。

(3)资助金领取只有学校老师通知,所以接到非本校老师的电话就可以直接挂断。

(4)用于发放助学金的银行卡是专门备案的,不收取包括年费在内的任何费用,所以不会存在滞纳金、欠费等问题。如果您申请了奖学金,又有人在电话中告诉您银行卡欠了年费无法将助学金打过去,要您去 ATM 机上先转账,那肯定是骗子。除了要立刻关断电话,还得及时报警。

 知识储备 3:面向高校电信诈骗——"培训助考"

由于提升学历、岗前培训等需要,各种层出不穷的培训机构也渐渐出现在人们的视野中,在这样的大背景下,不少不法分子也妄图借用培训的名义来进行不同形式的诈骗。犯罪分子向即将参加考试的考生拨打电话称能提供考题或答案,不少考生急于求成,事先将好处费的首付款转入指定账户,不仅本人上当受骗遭受损失,更是严重扰乱了正常考试秩序,影响十分恶劣。

 拓展阅读

大学生轻信助考广告被骗 5 000 元

苏某准备考研,2016 年 4 月,她在某高校看到一则"家教助考"的广告信息,这家助考公司还公然出售英语四六级、考研试题等,广告上面还附有一个联系电话。

苏某赶忙拨打电话,对方一个男子自称刘老师,他说,考试是通过内部关系弄出来的。有他们"助考",保证能顺利通过考试。苏某欣喜万分,刘老师则告诉他,等考试前再打电话联系,考题不可能这么快就出来。5 月 23 日,苏某再次打通了电话。这一次,刘老师则表示,考题和答案确实已经有了,但是接受助考的话,就定个时间见面签份协议,并交纳2 000 元费用。于是双方约定第二天在学校附近某大厦楼下见面。

苏某来到约定地点,可一直不见刘老师出现。这时,苏某的手机接到短信,短信里,刘老师发了一个银行账号,让她交纳 2 000 元人民币,有人会送去协议。苏某赶紧将 2 000 元汇了过去。

不久,来了一名男子说,自称是助考公司的助理,按公司指示送来一份协议。协议一式两份,上面写着的助考公司名为"金诺家教咨询公司",要求填写身份证号码、所在学校、家庭住址等个人信息,苏某签署协议后,对方便拿着一份协议离开了。

男子走后,自称孟老师的女子给苏某打来电话,让苏某再汇 3 000 元保证金。苏某拿着协议书觉得心里有底,于是往先前账号汇了钱。刘老师又打来电话,让苏某汇款 2 000 元,苏某觉得情形不对劲,表示自己不想办了,希望刘老师将汇去的 5 000 元钱退还,刘老师让苏某去办理一张上海银行的银行卡,会将钱打入她的账号,可对方自此再没有了消息。

(资料来源:节选自《反电信网络诈骗·全民指南》,作者:李易)

请思考:苏某购买考试题目被骗,骗子正是利用了苏某的取巧心理进行诈骗,生活中还有哪些情况是容易被骗子钻空子的?

 小贴士

防 骗 指 南

我国《刑法》第二百八十四条之一规定:

(一)在法律规定的国家考试中,组织作弊的,处 3 年以下有期徒刑或者拘役,并处或者单处罚金;情节严重的,处 3 年以上 7 年以下有期徒刑,并处罚金。

(二)为他人实施前款犯罪提供作弊器材或者其他帮助的,依照前款的规定处罚。

(三)为实施考试作弊行为,向他人非法出售或者提供(一)规定的考试的试题、答案的,依照(一)的规定处罚。

同学们,不要盲目相信所谓的押题、透题等。各类资质考试是有严格保密程序的,任何人都不可能提前提供答案或在考后修改成绩。希望考生们树立正确的考试观念,不要走捷径去买所谓的真题或答案,还是通过扎扎实实地学习来考试,切莫让不法分子钻了空子。此外,一旦发现此类信息,要及时报警,以防更多考生被骗。

 知识储备 4:面向高校电信诈骗——"招生就业"

不法分子利用考生急于入学的心理,通过手机短信和网络向考生或家长发送"花钱可上重点大学""包办各类高校证件"等虚假信息谎称自己是院校招生代理或自己有"内部关系",明示或暗示可以通过收取指标费的方式帮考生拿到内部指标,诱骗考生、家长往指定银行账户里汇款。不法分子在录取信息正式公布之前以可提前录取为幌子,向考生寄送伪造的录取通知书,诱骗考生将学杂费、学校住宿费等费用事先打入指定银行账户内。

就业诈骗是违法用人单位或个人,以隐蔽性的欺骗手段,打着招聘的幌子骗取应聘人钱财等的不法行为。就业诈骗多出现在保险代理员、程序员、期货交易员、"计件制"员工、"见习"等岗位,以及"应聘考试需买复习资料""上岗前先缴费培训"和"上岗前先汇款"等情况。近几年,管培生岗位也被不法分子所利用进行诈骗。

拓展阅读

求职诈骗陷阱再现,就业季找工作需擦亮眼睛

"最近金华市轨道交通集团在招聘,我有方法安排快速入职,不用走复杂的招聘流程。"这则消息在朋友圈传开后,一些人心动不已,纷纷联系消息的发布人俞某打听情况。

俞某称自己是金华市轨道交通集团总工办的一名工程师,在公司内部有"特殊"渠道,可以为大家就业提供便捷通道。部分人员听后向他表达了应聘的想法,俞某也拿出了"实际行动",为他们办理了所谓的"入职手续",给出了盖着"公章"的录用、任职和报到"通知书",并要求缴纳体检费和岗前培训费。

为进一步稳住那些"入职"的人,俞某组建了一个微信群,邀请了"集团运营部"的"刘总"和新招员工进群。"刘总"还时不时会在群内和大家聊天,并勉励大家积极为公司作贡献。

7月14日12时,金华市轨道交通集团向市公安局轨道交通治安管理分局报警称有人冒充该公司员工,以招聘的方式实施诈骗。

轨道交通治安管理分局闻警而动,迅速联合江南公安分局三江派出所展开侦查,快速锁定了嫌疑人。7月14日下午3时,在义乌市公安局城西派出所协助下,犯罪嫌疑人俞某落网,该案件3小时即告破。经查,俞某为实施诈骗编造了"总工办工程师"的身份。至于原来被骗人拿到的"录用通知书"等,是俞某从网上下载后编造的。而更让人惊诧的是,他在聊天群内一人分饰三个角色,群内的"刘总"和新员工"申屠莉莉"也是他自己的小号。

金华警方查明,今年4月至7月间,俞某以缴纳公积金、体检费、岗前培训费等名义,先后骗取5人共计6万余元。目前,俞某因涉嫌诈骗罪被金华江南警方依法予以刑事拘留。

"正规的招聘活动,我们会通过官方渠道发布公告,并明确招聘流程及联系方式,主动接受社会监督。"金华市轨道交通集团人事部介绍。

随着经济复苏,就业市场活跃,各类招聘信息众多,但虚假、欺诈招聘信息也随之而来。为防止求职者受骗上当,警方在此提醒:求职者面对各类招聘信息,要擦亮眼睛,提高自我防范意识。求职时应通过正规渠道了解招聘单位的相关情况,注意甄别、核实,切勿轻信他人所谓的"特殊渠道",涉及交纳相关费用时,更需多留心眼,不轻易缴纳各种费用,切勿因求职心切而给骗子可乘之机。

（资料来源:凤凰新闻,2020年7月18日）

小贴士

防 骗 指 南

（1）招生骗子们最常用的手法是大肆吹嘘自己神通广大，"有关系门路""有内部指标"，进行招摇撞骗。骗子常假冒高校招生处和省招办工作人员等身份，吹嘘自己有"内部招生指标""计划外招生指标"等。而实际上，高校招生实行的是严格的计划管理，且通过省级招生办向社会公布，绝无内部指标，也绝不可能计划外扩招。

（2）伪造录取通知书也是"招生诈骗"的常用手法。不法分子有时会拿出伪造的材料或招生机构内部文件，如空白的录取通知书等假材料以骗取学生及家长信任。其实，空白的录取通知书是不允许携带和保存的，大学院校录取通知书按规定是通过邮局寄达考生家的，不可能由私人传递。

（3）收取高昂中介费是"招生诈骗"最常用的敛财手法。高校招生除按规定收取报名考试费等少量费用外，不向学生及家长收取任何费用。凡声称读大学须缴纳"中介费""赞助费"等，并且狮子大开口要钱财的必定是骗局。

（4）招生诈骗还有一种常用的手法，就是带考生及家长查看招生场所。有的骗子团伙在外地租用招待所或商用写字楼，对考生及家长声称是招生场所，遇此情况，考生及家长要立即向公安机关举报，因为目前普通高校招生已经全部实行远程网上录取，由各省级招办与有关院校通过网络完成录取工作。

 知识储备5：面向高校电信诈骗——"快递包裹"

不法分子冒充快递人员拨打事主电话，称其有快递需要签收但看不清具体地址、姓名，需要提供详细信息便于送货上门，随后犯罪分子将上门实施诈骗。或是不法分子事先通过非法渠道获取购物网址的用户个人信息，批量寄送快递，包裹中的货物可能是假货，也可能是"物不及所值"的次品，并通过快递公司向收件人索取所谓的"运费"。

不法分子群发手机短信，使受害人误以为自己邮寄的包裹涉毒、涉枪，并留下所谓"报警咨询电话"，诱使受害人主动与犯罪分子联系，让受害人相信其包裹涉毒，身份被冒用涉嫌犯罪，再以保护资金安全为由，让受害人将钱转账到犯罪分子指定账户。

 拓展阅读

张先生遭遇"包裹涉毒"诈骗，损失15余万元

"您好，这里是（扬中）市公安局，您有一份包裹里面有毒品。"短信后面还留有一个镇江辖区的电话号码，江中宝岛镇江扬中张先生就因为这条短信被骗去了15余万元。

2015年10月26日，扬中张先生收到这样一条短信，因为前两天刚在网上买了东西，张先生想都没想，就按照短信中所说的客服电话拨了过去。谁知，对方的回答让她倒吸一

口冷气。对方说，张先生的包裹里面有违禁毒品，并且由于包裹涉嫌违法，已经被邮局移交给公安局了。说话间，对方还提供了一个扬中市公安局的电话号码。

为把事情弄明白，张先生赶紧拨打客服提供的公安局的电话。对方自称是警察，告诉张先生："确实接到邮局转来的包裹，包裹内装有摇头丸和银行卡。毒品是国家严厉打击的，你参与贩毒和洗黑钱，要接受公安局的调查。"

"这不可能！"张先生说。但对方问他的姓名、联系电话、家庭住址后，很关心地提醒他："你是不是以前丢过身份证？"张先生回忆，他确实丢过。对方便说："你的个人信息已经被一些不法分子利用了，威胁到你的人身安全和银行卡的安全，公安部门可以对你的银行卡进行特别'安全保护'。"

老套的剧情此时才真正展开，对方随即询问张先生是否还有银行卡和相关信息。紧接着，慌张的张先生就开始按照对方的指示，将卡里的15余万元分多次转入对方的卡号。转完之后，当张先生再给对方去电话时，对方显示已关机，这时张先生才知道自己被骗，随后立即报案。

（资料来源：节选自《反电信网络诈骗·全民指南》，作者：李易）

 小贴士

防骗指南

接到类似电话时，请保持冷静，坚持"三不"：不相信、不理睬、不联系。如果恰巧自己正有快递未收到，也切莫慌张，先挂断电话，重新拨通真正快递公司的电话进行查询。还要做到不要轻易泄露个人信息，特别是姓名、身份证号码、电话号码、银行账户资料等重要信息。

网购时应在正规网站选购，并认准对方身份，确保支付方式安全后方可进行交易。若买家认为卖家指定的快递公司"不靠谱"，可以要求卖家更改快递公司。也不要轻易点击别人给的网站，若网站中涉及银行卡密码，请勿随意填写。

贪小便宜的心理千万不能有。一旦收到邮包或快递来的物品，先当面打开查看货物的真假后再付款是非常必要的。如果在收货过程中发现异常情况，网购者可以拒签快递单，并与卖家联系。

遇到"包裹涉毒"这种情况，先要冷静判断，在与骗子周旋中多问几个问题，骗子设计的骗局很可能就土崩瓦解。警方办案不会要求受害人汇钱到指定账号，同时邮政部门也提醒，若包裹里含有违禁物品，邮政部门会直接报案，而非致电个人。此外，每家银行都有自己的专用客服电话，平时可以将这些号码存在手机中，遇到问题可以直接拨打。

此外，电信网络诈骗还有很多类型，如虚构受害人亲属或朋友遭遇车祸，以需要紧急处理交通事故为由，要求对方立即转账；冒充房东、冒充银行客服、冒充军人、冒充领导、冒充公检法机关、冒充黑社会等进行敲诈；虚构银行卡密码升级、虚构购车和购房退税等。

公安机关破获的无数电信诈骗案件有一个共同的规律，无论诈骗犯如何花言巧语，无论手法如何翻新，无论骗法是什么，最后都要落到一个点上，就是犯罪分子都会索取银行卡的密码和账号，因为他就是要钱。因此在日常生活中，千万不要轻信那种来历不明的电话、短信，千万不要轻易透露自己的身份证号和银行卡信息，如果你有疑问的话，你要及时打电话给班主任、保卫处老师、家长或公安机关等及时反映情况。

思政 点睛

2021 年 4 月 8 日,全国打击治理电信网络新型违法犯罪工作电视电话会议在京召开。中共中央总书记、国家主席、中央军委主席习近平对打击治理电信网络诈骗犯罪工作作出重要指示强调,要坚持以人民为中心,统筹发展和安全,强化系统观念、法治思维,注重源头治理、综合治理,坚持齐抓共管、群防群治,全面落实打防管控各项措施和金融、通信、互联网等行业监管主体责任,加强法律制度建设,加强社会宣传教育防范,推进国际执法合作,坚决遏制此类犯罪多发高发态势,为建设更高水平的平安中国、法治中国作出新的更大的贡献。

|财商活动单——认清电信诈骗|

分享一个你知道的或查询到的电信诈骗案例,尝试分析总结该电信诈骗的类型,分析受害人在被骗的过程中,骗子采取了哪些方式,有什么办法可以避免被骗?

话题二：微信和 QQ 上收到朋友的借款消息，你会怎么做

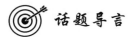 **话题导言**

李同学无话不说的好友在微信上给他发了一条"救急借钱"的消息，李同学觉得朋友有麻烦应该要帮一把。他连忙语音过去，好友拒绝接听，并回消息说："别问了，真的很急，是兄弟就帮我。"这时，李同学应该马上转账过去吗？他还有哪些途径和好友联系？

 知识储备 1：社交网络诈骗——盗号"借钱"

社交网络诈骗是指不法分子通过盗窃用户的微信、QQ、抖音、快手、微博、邮件等社交平台的账号和密码等信息，编造虚假信息，设置骗局，对受害人实施远程、非接触式诈骗，诱使受害人打款或转账的犯罪行为，通常以冒充亲朋好友和熟人等形式达到欺骗的目的。

不法分子通过种植木马等黑客手段、骗取受害人验证码等不正当手段，绕过社交网络的账号和密码登录窃取他人的社交账户，然后冒充社交账户的主人，针对该账户的联系人，编造出各种理由向受害者提出求助、借钱、汇款、充话费等要求进行诈骗。同时，不法分子也会使用受害者好友的 QQ 头像、个人信息，要求受害者"添加好友"，然后谎称换号，获取受害者的信任等。

 案例分析

案例 1：

2020 年 10 月的一天，贵州省某职业院校的张同学 QQ 号被盗，张同学被盗的 QQ 号向班上的同学群发了借钱消息："我突然有急事，手机欠费了，请转 20 元给我，我充个话费，尽快还你。"班级中 20 多名同学进行了 QQ 转账，没有一人向该张同学进行核实。

案例 2：

2020 年 11 月，贵州省某职业院校程同学在晚自习时间收到隔壁班好友微信消息："我现在有急事，请尽快借钱给我。"程同学义气地问："要多少？"好友说："有多少借我多少，过两天就还你。"程同学将自己的 3 000 元迅速转账给"好友"。程同学转账之后发现不对劲，再发消息，"好友"已不再回复。报警后，警方查出账号登录信息为海外信息，难以跟踪查询。程同学的好朋友得知事情经过，心里也非常难过。

小贴士

防 骗 指 南

1. 保护好自己的账号密码

（1）账户和密码尽量不要相同,定期修改密码,增加密码的复杂度,不要直接用生日、电话号码、证件号码等有关个人信息的数字作为密码。密码尽量由大小写字母、数字和其他字符混合组成,适当增加密码的长度并经常更换。不同用途的网络账户,应该设置不同的用户名和密码。

（2）在公共场所使用电脑输入账号密码时,要警惕人偷看。

（3）不要轻易将手机号码和验证码告诉别人。

（4）如果收到了官方平台发布的"异地登录异常"短信,也应引起重视,尽快修改登录密码。

2. 遇到好友网络借款需谨慎

在聊天工具中遇到好友求助,第一时间通过电话联系好友确认。

依据我国相关法律的规定,QQ、微信等被盗进行的诈骗行为,QQ、微信使用者是不需要承担责任的,由诈骗人员承担责任,被害人可以向公安机关报案。

 知识储备 2:社交网络诈骗——不明二维码

不法分子制作虚假二维码,在社交网络上进行群发、传播,诱骗用户进行扫描。常见的一种是以商品为诱饵,声称给顾客返利或者降价,再发送商品二维码,实际上发送的是木马病毒,一旦安装,木马就会盗取顾客账号、密码等个人隐私信息;另一种是利用微店经营者收款心切的心态,诱导店家将"付款二维码"当做"收款二维码"发给对方,从而进行资金的转移。

 拓展阅读

网购退货诈骗来袭——切勿随意点开不明链接和二维码

2020 年 7 月 22 日,莲塘派出所接到一起报案,受害人称自己接到一个自称是护肤品客服的电话,对方询问其是否购买过该店的产品,并告知该产品有质量问题,需要召回。受害人在核实了信息之后,便添加了对方的 QQ。在聊天中,对方发送了一张支付宝的二维码,称这是一个申请退款的入口,但受害人识别后并没有找到这个入口,然后对方告知是信用额度不够,需要通过借贷软件进行借款额度提现。之后,受害人在某借贷平台上提现 6 000 元至自己的银行账户,并按照对方的要求汇款,之后再次进行提现,并将所提现的金额全部转给对方。接着,对方又让受害人下载多款借贷软件,称要继续退款,但由于之后的借贷软件的借款审核都未通过,不法分子便要求受害人注销这些账户,并且再次进行转账。至此,受害人方才发现有问题,于是咨询自己所购货物的客服,被告知可能遭遇诈骗,随后便报了警。

首先,不法分子通过非法渠道掌握了受害人网络购物的订单信息。其次,通过电话联系受害人,告知其所购买的物品存在质量问题,需要退回,并承诺可以退还高额的赔偿,获取受害人的信任。再次,不法分子添加受害人的微信或者QQ,通过发送链接、二维码,让受害人进行识别并填写个人信息、银行卡账户密码、手机号码等。最后,不法分子会告知受害人,支付失败或者业务未受理,要求通过转账操作解冻账户,就这样一步一步,诱使受害人加大金额投入。

(资料来源:深圳特区报,2020年7月31日)

 小贴士

防 骗 指 南

(1) 不要随意扫来源不明的二维码。

(2) 电子支付已经深入人们的日常生活,但这种支付方式也为不法分子将木马病毒、钓鱼软件植入二维码以威胁人们的信息安全提供了空间。因此,不要随意扫描来源不明的二维码,扫码后应认真核对相关信息,也可以下载一些知名度高、安全性强的安全软件规避风险。

(3) 来源不明的手机红包,有可能是钓鱼链接。点击后,可能会被不法分子窃取手机中的数据信息,使人身财产安全受到威胁。因此,陌生人发来的手机红包不要点开;收取要填写个人身份信息的红色,应立即退出;收取红包,需要输入金额、支付密码的,一定是假红包。

 知识储备3:社交网络诈骗——"点赞投票"

点赞诈骗是指不法分子发布"点赞""积攒"信息,声称集满一定数量,免费送高档物品,而买家只需要支付邮费,事后却发送残次品并通过快递收取货品费用,或者以"点赞"的名义诱导大众下载含有木马病毒的App,导致受骗者手机中毒,从而不露声色地转走受骗者的银行卡余额。

拉投票诈骗是指不法分子以丰厚的礼品为诱饵,吸引大家参与报名。诈骗通常有三种方式:第一种是刷票骗取钱财,在刷票环节收取费用争第一;第二种是以投票名义诱导下载带有木马病毒的手机软件,一旦参与投票的人下载了这个软件,手机就被诈骗分子完全操控,绑定该手机的银行卡账户余额将被转移一空;第三种以"投票"名义收集个人信息,这类以"比谁萌"或"拼颜值"为噱头的投票往往要求投票者先关注账号或绑定手机,并让报名者提供家庭真实信息。一旦骗子掌握到用户重要的个人信息,他们就会设计各种圈套行骗。

张先生朋友圈点赞后银行卡被盗刷

张先生收到朋友发来的信息，称其孩子在参加某项网上评选，请为孩子点赞投上一票，还附有网址链接。张先生想都没想立即点击，并根据提示下载了某软件。很快，张先生就收数条购物支付信息。经查询，他发现自己的两张招商银行卡和两张建设银行卡被盗刷，随即报警。

民警调查后发现，张先生点击的链接地址其实是一个钓鱼网站。骗子诱使他下载的软件中含有针对手机银行的木马病毒，当张先生操作手机银行时，相关银行卡信息就会被盗取。随后，张先生从朋友处证实，朋友手机中了病毒，这条信息并不是朋友主动发送的。

（资料来源：节选自《反电信网络诈骗·全民指南》，作者：李易）

防 骗 指 南

点赞送"名品"类诈骗实际是一种新型营销手段的骗局，这些活动都是商家通过抓住人们贪图便宜的心理，从"运费"中获取利润。骗子以收件人支付"礼物"运费这个看似合情合理的名义直接骗取了货款，而货物其实非常廉价；或者以活动名义在发送的链接或软件中通常植入木马病毒，下载后手机中毒导致财产流失。

网络投票本身不构成违法，但如果涉及奖项或者金钱，可以通过恶意刷票获取较高名次就有可能涉嫌诈骗。即使花再多钱，你可能永远是第二，得不到第一，因为第一的数据可以随时更改。不法分子会通过这种投票活动收集学生和家长信息，并把这些数据出售或者用于诈骗等犯罪活动。这种看似公平的投票方式却被不法分子利用作为敛财的工具，这里也建议大家尽量远离投票，不给他们可乘之机。

参与"点赞""投票"等活动要注意以下几点：

（1）仔细辨别主办方和赞助商，尤其对非本地平台举办的涉及本地的投票活动要十分谨慎。

（2）填写个人信息要谨慎，不要涉及银行卡卡号、账号等信息。要尽量避免填写详尽的资料，若信息外泄，可能会被不法分子用来欺诈。

（3）对以活动名义发送的链接或软件要谨慎下载，小心被植入木马程序导致账号丢失。

（4）不要轻易相信朋友圈中所谓的赠送品牌礼品的信息，并且不要转发。

（5）切勿刷票，投票活动的公正性无法保证，容易被不法分子利用作为敛财的工具。

（6）对于来路不明的包裹应直接拒签，拒签之后的运费就会由寄件人承担。

知识储备 4：社交网络诈骗——"微商代购"

微商诈骗是指不法分子在自己的朋友圈长期发表虚假交易截图取得购买人信任，在购买人下单转账付款后，便以各种理由推迟发货时间，甚至拉黑购买人。不法分子也可能使用假冒伪劣商品，当购买人发现货不对版后，骗子可以用各种借口，要求购买人加钱，诱使购买人再次受骗。不法分子还可以通过技术手段修改系统信息进行诈骗。

代购诈骗是指不法分子声称能"海外代购"，以价格非常优惠、打折代购为诱饵，待顾客付了代购款之后，以"商品被海关扣下，要加交关税"等类似的理由要求加付"关税"，顾客付钱，却收不到货品。

付款后卖家玩"消失"，微信代购两人被骗 18 万元

2015 年 6 月 27 日，克拉玛依市的徐某通过微信添加了蒋某，蒋某声称自己是 Air·Jordan 篮球鞋的销售代理。徐某一直对 Air·Jordan 篮球鞋十分热衷，便向蒋某先后订购了 80 双价值 135 650 元的限量版篮球鞋，打算转手卖出。

此后，徐某只收到了价值 34 650 元的货物和蒋某退还的 3 万元。徐某有点担心，多次催促蒋某将 6.8 万元货物发过来。

2015 年 7 月 18 日以后，徐某怎么都联系不上蒋某，并发现自己的微信被蒋某拉黑，徐某才意识到自己被骗了。

无独有偶，2014 年 7 月 6 日，克拉玛依市的黎某同样通过微信从蒋某处订购了 70 双价值 14 万元的 Air·Jordan 篮球鞋打算出售，对方只发过来 22 双价值 19 500 元的货物和 5 000 元退款，随后消失不见，至今还有 115 500 元货款未退还给黎某。

克拉玛依市公安分局刑警大队接到报案后，立即对蒋某展开调查工作。2016 年 8 月，蒋某因涉嫌诈骗被陕西省太原市公安局抓捕归案。

经审讯，蒋某对欺诈行为供认不讳，并交代所发货品不全是正品，是正品和仿冒品掺着卖。目前蒋某已被太原市公安局刑事拘留。

（资料来源：节选自《反电信网络诈骗·全民指南》，作者：李易）

 小贴士

防 骗 指 南

微商购物要在正规的第三方平台上进行，不要进行私下转账。遇到网上订单时，请仔细核对账户实际余额和公司平台余额是否一致，如果不一致请谨慎交易，以免造成财产损失。同时，大家都应对网络链接提高警惕，网络交易中涉及重要商业信息的数据，一定要进行二次确认或截图保留证据，一旦发现被骗，及时报警。

微商代购与淘宝等网店买东西不同，它的经营者大部分为个人经营，且不具备经营相关执照和证件，不属于《中华人民共和国消费者权益保护法》中的经营者，其价格往往比国

内正规店内便宜一半甚至更多,而这正是让不少人心动的原因,也为不法分子提供了很多可乘之机,如果出现产品质量问题或者遭遇诈骗,解决起来并不容易,消费者容易吃亏。

对代购诈骗需牢记以下几点:

(1) 认真核实微商的各种信息,注意甄别微商的个人信息和产品信息,不要轻信微商晒出的购物小票和物流单等,更不要贪图便宜。

(2) 选择可靠安全的交易方式,应尽量采用当面交易方式,仔细检查商品。如果是采用先付款后发货的交易方式,选择可靠的第三方支付平台进行支付,而不要采用银行转账的方式付款,切忌还未收到货就直接付款给对方。

(3) 留好每次购物的相关证据,应注意保留聊天记录、付款截图、卖家真实姓名、身份证等凭证,一旦发现"微商"存在销售假冒伪劣商品甚至涉嫌诈骗等不合法行为时,可拨打12315 或者向公安部门进行举报。

 知识储备 5:社交网络诈骗——"直播带货"

直播间诈骗是指以直播间为媒介,进行网络兼职诈骗、投资理财诈骗、情感诈骗等。直播间主播可能是受骗者,也可能是行骗人。犯罪嫌疑人多是通过各大网络直播平台寻觅诈骗对象,首先以线上送礼物等形式获得主播的关注,其次取得主播的信任,交换双方联系信息,最后通过线上线下的互动再实施进一步诈骗。主播还可以在直播过程中植入各类兼职广告,吸引粉丝加入兼职,待粉丝进入兼职群以后,诱导粉丝交纳押金、校对金、会费、软件刷单金、挂单金等名目的费用,由于粉丝对主播有一定程度的信任,因此会一步步落入圈套。

带货诈骗是指不法分子利用各类短视频平台进行虚假宣传,诱骗消费者的"新型骗术",由于该购物模式与微商较为相似,且带货主播身份类似"网红",消费者容易降低警惕,极易落入这种"网红"诈骗陷阱。不法分子通常会利用各类短视频平台发布带货视频进行宣传,利用个人主页的虚假优惠信息吸引受害人添加主播个人微信,再以莫须有的"充值返现""幸运客户"等优惠活动诱骗消费者通过支付宝、微信等平台直接转账,使受害人相信"主播"并进行多次转账。

大学生小张轻信直播间兼职广告,遇骗局无处维权

石家庄的小张大学毕业不久,一时还没有找到合适的工作。找工作期间,她迷上了YY直播平台"网红"慕小蕾的直播。小张从 2014 年开始关注慕小蕾,慕小蕾每天下午 2 点到 5 点直播,她有好几万的粉丝,每次直播都能聚三五万人。

小张说,最近慕小蕾直播时经常会出现网络兼职的广告,大意是"网络兼职日赚 50～200 元,工资日结",因还没有找到正式的工作,小张觉得做网络兼职也不错。8 月 3 日,她按广告中的 YY 号加了好友 A。A 告诉她,她可做代练游戏、兼职打字校对等,每天赚 100 元不成问题。小张希望做兼职打字校对,A 让她先交一部分押金,押金可以退,押金有 99 元、199 元、399 元、599 元等不同档次,可以接不通的兼职,小张选择了 199 元的押金,A 发来一个二维码,小张扫码付了款。付款后,A 才告诉她,199 元档次的押金不包括打字校对。这让小张非常生气。A 说,再补 200 元的会费就可以了,小张只好又交了 200 元的会费。再次付款后,A 让她加了另一个号,说可以做兼职了。

小张按要求加了另一个 YY 号,这个 YY 号的主人 B 告诉她,需要交 400 元的软件押金和 200 元的刷单押金,2 天可退。小张说自己没有那么多钱了,只交了 400 元软件押金,就被 B 拉到了另一个微商频道培训。所谓的培训就是教她怎么绑定银行卡注册账号,然后,她就被拉到了一个"接单群"里开始"接单",负责人 C 告诉她,接一个单子需要先垫付 50 元,做 5 个单子可返还。小张接了一个单,交给了 C 50 元,然后就觉得很不对劲,怎么这份兼职需要不停地交钱? 就这一天,小张 1 000 多元的生活费已经花完了,再让交钱她也没有了。

小张表示自己不做兼职了,要求对方按原来的许诺退款,结果很快就被踢出了群。

（资料来源：节选自《反电信网络诈骗·全民指南》,作者：李易）

 小贴士

防骗指南

直播带货等网红经济捧红了很多草根网红,拉近了网红与粉丝之间的距离,在年轻人中很受欢迎,但是作为一个迅速发展的产业,直播的受众群体基本上以涉世未深的年轻人为主。此类人员空闲时间较多,并且大多抱有利用网络直播平台快速赚钱的心理,但同时又缺乏网络安全防范意识,对常见网络诈骗手段缺乏鉴别能力,容易上当受骗。对待此类诈骗,需谨记：

（1）不要轻易相信陌生人。

（2）凡是需要交各种费用的兼职,基本上都是骗局。

（3）免费课程突然要交各种费用,一定是骗局。

（4）涉及金钱要慎重。购物选择官方正规平台,当对方提出前往"微信""QQ""支付宝"等平台沟通交易时,请及时拒绝。

（5）交易前需注意对方的个人资料信息。若对方信誉分数低,请保持警惕、谨慎。

（6）切勿轻信中奖优惠信息。遇到自己被选为幸运客户情况时,要多留心眼。一旦发现被骗,及时联系银行挂失和更改密码,同时第一时间拨打 110 报警,并提供相关证据协助破案。

社交网络诈骗除了以上几种常见的类型,还有网络交友、行业刷单、摇一摇诈骗、网游交易、彩票赌博等。谨防此类诈骗,在工作生活中不要轻信来历不明的信息,不管不法分子使用什么花言巧语,都不要理睬,不给犯罪嫌疑人进一步设圈套的机会。要筑牢自己的心理防线,不要因贪小利而受不法分子或违法短信的诱惑,无论什么情况,都不要向对方透露自己及家人的身份信息、存款、银行卡等情况,如有疑问,可拨打 110 求助咨询,或向亲戚、朋友、同事核实。要学习了解银行卡常识,保证自己银行卡的资金安全,决不向陌生人汇款、转账。接到此类信息时,要多跟几个相关的亲属和相识的朋友联系,以便核实对方身份和事件的真伪。要及时报案,万一上当受骗或听到亲戚朋友被骗,请立即向公安机关报案,拨打110,并提供诈骗犯罪嫌疑人的账号和联系电话等细节,以便公安机关开展侦查破案。

思政 点睛

2016年8月31日,中共中央政治局委员、中央政法委书记孟建柱在上海考察反电信网络诈骗工作时强调,电信网络诈骗犯罪已经成为严重侵害人民群众切身利益的社会公害,要以对党和人民高度负责的态度,主动进攻、重拳出击,坚持综合治理、源头治理,坚决遏制电信网络诈骗犯罪高发势头,切实维护人民群众财产安全和合法权益。

|财商活动单——认清社交网络诈骗|

王同学最近在自己的某QQ群里面看见这样一条招聘信息:"诚招:本店为了提高销量,急需一批网络临时工,只需一部手机,不限时间,不限地点,每小时可赚50元,全天工资保底300元(工资日结),适合学生、宝妈、上班族。有意者加QQ号123××609了解咨询或报名。诚信为本。做得好推荐朋友做还有格外提成奖励。"

请你帮王同学进行分析,他能不能参加此类兼职刷单,为什么?

话题三：手头缺钱时要不要贷

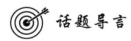 **话题导言**

　　吴同学看到新出的华为手机特别动心,也想给自己买一部,但是手机的价格是 6 000 元。他打听了一下银行贷款,由于自己现在是学生没有稳定收入来源,银行需要父母做担保人。吴同学不想跟父母说。正为钱发愁时,他看到网络上的广告:"资金困难找我公司,无抵押无担保贷款,24 小时到账!"吴同学感觉新款手机已经在向自己招手了。他心想,自己周末兼职,省吃俭用每个月还 1 000 元,半年就能还清了。请问吴同学此时要不要联系网络贷款公司贷款? 为什么无抵押、无担保、没有稳定收入来源,网络贷款公司还能放贷给你呢?

 知识储备 1：套路贷

　　套路贷是对以非法占有为目的,假借民间借贷之名,诱使或迫使被害人签订"借贷"或变相"抵押""担保"等相关协议,通过虚增借贷金额、恶意制造违约、肆意认定违约、毁匿还款证据等方式形成虚假债权债务,并借助诉讼、仲裁、公证或者采用暴力、威胁以及其他手段非法占有被害人财物的相关违法犯罪活动的概括性称谓。由于"套路贷"隐蔽性很强,被害人很容易上当。"套路贷"的常见犯罪手法和步骤主要包含以下形式。

　　1. 设置诱饵,伪造借贷假象

　　不法分子以"迅速放款""无抵押""低息便捷"等引诱借款人,签订贷款合同、协议时以行规为由,诱骗借款人签下高于借款本金 1 倍甚至数倍的欠条,制造假象,为后续"索债"埋下伏笔。借款人会被告知"无须担心""只是例行程序""正常还款不影响",放松警惕。

　　2. 制造陷阱,肆意认定违约

　　非法放贷方以故意失联、电话故障、系统问题等多种手段,让还款日借款人无法正常还款,终致逾期。此时,这些放贷方就以违约的名义收取高额滞纳金、手续费。若借款人无法偿还,还会被引诱去其他放贷平台"借新还旧",贷款本息会"滚雪球式"增长。

　　3. 刻意留痕,虚增贷款金额

　　非法放贷方先将合同金额转入借款人账户,同时要求借款人在银行柜台将虚高部分取现再返还平台,留下"银行流水与合同金额一致"的表面印象。

　　4. 巧立名目,诱签不利协议

　　不法分子通过玩文字游戏,制造合同漏洞,同时设立"违约金""保证金""中介费""服务费"等各种名目,骗取被害人签订阴阳借款、房产抵押等明显不利于被害人的各类合同,导致借款人违约,从而非法占有借款人财产。

5. 软硬兼施,实行暴力催收

不法分子通过所谓的谈判、协商、调解以及滋扰、纠缠、哄闹、聚众造势等"软暴力"手段索取非法债务,使人产生心理恐惧。部分非法放贷方使用门口泼漆、撬门锁、尾随借款人等非法方式恐吓借款人,甚至采取暴力方式催逼借款人还款。

拓展阅读

未成年人陷"套路贷":想借 3 000 元结果损失 1 套房

未成年人杭某原本只想借款 3 000 元,而被告人傅某、郝某等人诱骗其借款 4 万元。之后,被告人瞿某"空放"高利贷 16 万元给杭某。杭某当场取现 12 万元还给瞿某,余下 3.5 万元交给傅某等作为中介费,自己实际只拿到 5 000 元。

7 个月后,瞿某等人以上述 16 万元借款已"利滚利"达 90 万元为由索要欠款,转而以抵押名下房产借新贷还旧贷,诱骗杭某从家中偷出房产证,并带杭某至本市某房产中介签订房屋买卖合同,以 160 万元的价格将价值 194 万元的房产过户给马某。期间,瞿某还先后转账 22 万元、42 万元给杭某进行资金走账,以对应其让杭某写的 90 万元借条数额,后杭某均全部取现交还给瞿某。瞿某在杭某收到马某的房款后,让杭某先后汇款 5.2 万元、90 万元给他,由此让杭某还清欠款。

2017 年 8 月 28 日,法院以诈骗罪,判处被告人瞿某有期徒刑 13 年,并处罚金 26 万元;判处作为中间人、同伙的其他被告人有期徒刑 6 年至 3 年 6 个月不等,并处罚金 12 万至 7 万不等;责令被告人退赔被害人杭某经济损失。

(资料来源:东方网,2017 年 8 月 29 日)

"套路贷"诱导不明真相的群众参与借贷行为,造成个人和家庭的财产损失,影响个人的学习和生活,严重侵害人民群众的合法权益,而且其中掺杂的暴力、威胁、虚假诉讼等索款手段又容易诱发其他犯罪,甚至造成被害人卖车、卖房抵债等严重后果,带来一系列社会问题。识别和防范套路贷要从以下几个方面做起。

(1)不要轻信无抵押贷款。无抵押的背后通常是陷阱。

(2)要选择正规的贷款主体。如果有资合需求或贷款,一定选择国家正规的银行或金融机构等合法平台机构,寻求贷款前,一定仔细阅读合同是否为国家法律规定的合法合同。

(3)钱款往来,一定留作凭据。根据法律规定,与人现金往来时,一定要有国家规定的相关凭据,并要到政府大厅正规部门窗口咨询。签订房屋买卖合同担保合同要慎重,并要到国家政府相关部门办理抵押登记。"套路贷"是属于违法行为,借款本金和利息不受到法律保护。

(4)学会寻求帮助。一旦发现被"套路贷",千万不要因为害怕挨骂、挨批评等想法而隐瞒事实,要立即报警,并第一时间向律师咨询并要求提供帮助,同时告知身边的亲人、朋友,让大家提出正确的处理方法。

小贴士

防范"套路贷"诀窍

金融常识要熟知,投资理念要正确。

法律意识勿淡薄,借贷广告不轻信。

合同条款看得清,相关证据要留明。

正规机构来办理,正规渠道防陷阱。

债务水平自身评,过度消费不可行。

 知识储备 2:校园贷

远离校园贷,
青春不负债

"校园贷",又称校园网贷,本意是指一些正规金融机构或网络贷款平台面向在校大学生开展的贷款业务。现在许多不法分子利用高校学生社会认知能力较差、防范心理弱的劣势,进行短期、小额贷款活动,从表面上看这种借贷"薄利多销",但实际上不法分子获得的利率是银行的 20～30 倍。一些放债人进行放贷时会要求提供一定价值的物品进行抵押,而且要收取学生的学生证、身份证复印件,一旦学生不能按时还贷,放贷人可能会采取恐吓、殴打、威胁学生甚至其父母的手段进行暴力讨债,还有不法分子利用"校园贷"诈骗学生的抵押物、保证金,或利用学生的个人信息进行电话诈骗、骗领信用卡等,对学生的人身安全和高校的校园秩序造成重大危害。

校园贷的风险包括以下几个方面。

1. 费率不明

费率贷款是分期的成本,很多分期平台都不能直观地了解其产品分期费率,往往只宣传分期产品或小额贷款的低门槛、零首付、零利息等好处,却弱化其高利息、高违约金、高服务费的分期成本。

2. 贷款风险

很多平台自身资金有限,需要在第三方金融机构贷款,并在借贷合同中加重消费者义务和责任,设定很高的违约金、逾期利息等,却不作出特别的解释和说明,消费者往往被诱导在不知情的情况下签订合同。

3. 隐性担保

分期平台并非真的"免担保",大学生申请过程中提供的家庭住址、父母电话、辅导员联系方式等信息,实际上就是隐性担保,如不能按期还款,某些平台就会采取恐吓、骚扰等方式暴力催收。

4. 套现欺诈

分期市场经常出现"身份借用""做兼职代购"等套现欺诈现象,不少大学生莫名其妙"被贷款"欠下巨债,因此要谨慎使用个人身份信息,尤其不要替陌生人担保,避免承担不必要的法律责任。

5. 高额度诱惑

如果看到类似"只要本科生学历即可办理贷款，最低 5 万元起"的广告，千万不要相信，某些平台中介利用目前网贷征信系统的漏洞，诱导学生在多家不同的平台重复借款，给学生造成巨大的还款负担和坏账风险。

6. 商品缺乏保障

有些校园贷平台对线下供货商家的准入条件、经营资质把关不严，商品质量没有保障，大学生社会经验少不易分辨，容易买到水货、假货上当受骗。建议消费者到正规的金融机构购买分期产品或服务。

拓展阅读

大学期间深陷校园贷，就业后工资难抵借款利

"2 年多以前，我被人骗了，迷上了网络赌博。"小张介绍，大二期间，有朋友诓骗他说网络上有一种投资，回报相当丰厚，禁不住诱惑的他开始在网上玩"网络重庆时时彩"。最初的时候小张有输有赢，到后来深深地陷进去了，先后输掉了十几万元。在无奈之下，小张将自己的学费以及亲朋好友处借来的几万元凑在一块也不够还输掉的钱。"也就是在这个时候，一个社会上的人向我推荐了校园贷。"小张说，对方知道自己急需要钱解决问题，就宣称可以通过一些网络平台帮他贷款，手续简单，利息不高，很快能解决问题。

"我当时一看利息似乎真的不是很高，很着急，就接受了那人的建议贷了款，把网上赌博所欠的钱还了。"小张说，但让他没想到的是，虽然表面上看上去利息不高，但加上一些手续费、管理费，亏空越来越大。他不断地通过一个平台借款弥补之前的欠款，产生手续费、管理费，加上利息，欠债的窟窿不断增大。小张说，他先后在十几个平台上借过钱，如今已经滚成 10 多万元的巨额债务。

"现在每天产生的利息总额就是 100 多元，一个月下来就得三四千元，我上班的工资才 2 000 多元，连利息都不够支付。"小张称，他无奈之下曾向家人求助，但家里也拿不出那么多，只给了 3 万元，显然是杯水车薪。在单位，他也不敢向同事、领导诉说自己的遭遇，害怕影响工作。

无力还贷的小张唯有辛勤地工作，期望能多挣钱还掉贷款，然而，另一个事情却让他无法静心工作。

"我没钱还，他们就常常催我还款，打电话、发短信，骂得特别难听。"小张说，自己的手机都不知道收到过多少次辱骂信息和电话，由于对方言辞污秽，他收到后随即就删除了。但近段时间，就连他的女朋友和身边的朋友都开始接到这样的电话和短信。小张向记者提供了对方发给其朋友的一条短信，言辞确实极其污秽不堪。

无奈，小张带着自己做律师的朋友小吕向警方求助。"我们到唐延路派出所报案，但民警说只能受理我被骗参与网络赌博的诈骗案件，借款平台借钱属于民事关系，他们无法受理。"小张说，关于自己被威胁、辱骂的情节，民警称只有催贷行为对他实际造成伤害才能立案调查。

就此，律师小吕表示，他曾经研究过小张所贷款项的借款协议，其利率都没有超过法

律规定的 24%,算不上高利贷,但它们却都有着高昂的管理费和手续费等费用,这些都让小张不堪重负。小吕说,校园贷是民间借贷的一种,确实属于民事关系,警方不予立案是符合法律规定的,但如果被催贷者的催款行为对借款人人身或精神上造成了实际的伤害或大的影响,则可以报警求助。

据悉,对于小张被骗参与赌博一事,警方已受理并介入调查。

（资料来源:中金网,2017 年 8 月 25 日）

当前,"校园贷"和"套路贷"往往交织在一起,即校园贷被害人再次需要借贷时,犯罪分子便通过让被害人签订虚高的借款合同,产生高额逾期费,倒逼借款的被害人向其介绍的平台借贷"平账",形成套路贷,最后利用阴阳合同、虚假诉讼等向被害人及其家属追讨欠款。此类涉黑、涉恶犯罪发展蔓延快、受害人数多,是国家今后扫黑除恶专项斗争打击的重点之一。

近几年,国家对校园贷大力整顿。经过整治,校园贷得到遏制,但出现房租贷、培训贷、求职贷、创业贷、医美贷、裸条贷、刷单贷、多头贷、传销贷、不良贷、高利贷等诸多"新马甲"。

 小贴士

防 骗 指 南

（1）严密保管个人信息及证件。一旦被心怀不轨者利用,就会造成个人声誉、利益损失等。如果个人信息被不法分子利用,以进行互联网金融平台贷款,我们不仅蒙受现金损失,不良借贷信息还有可能录入征信体系,不利于将来购房、购车贷款。

（2）贷款一定要到正规平台。由于现阶段互联网金融监管力度不够,存在不少"挂羊头卖狗肉"的平台,一定要登录官网仔细查看,并搜索比较各类评价信息,除此之外,还要跟借款学生电话确认是否为借款本人、资金用途是否正规等。

（3）贷款一定要用在正途上。大学生目前还处于消费期,还款能力非常有限,如果出现逾期,最终还是家长买单,加重他们的负担,所以大学生网上贷款一定要慎重。

（4）别轻易相信借贷广告。一些 P2P 网络借贷平台的假劣广告利诱大学生注册、贷款,文案上写着帮助解决学生在校学习上基本学习和生活的困难,实际上,这种广告极易导致学生陷入"连环贷"陷阱。

（5）树立正确的消费观。大学生要充分认识网络不良借贷存在的隐患和风险,增强金融风险防范意识;要树立理性科学的消费观,尽量不要在网络借款平台和分期购物平台贷款和购物,因为利息和违约金都很高,要养成艰苦朴素、勤俭节约的优秀品质;要积极学习金融和网络安全知识,远离不良网贷行为。

 知识储备 3:培训贷

通常来讲,入职培训是一种让新员工了解公司、融入公司,并掌握工作所需技能的常见活动。而"培训贷"是指虚假培训机构通过与P2P网络贷款机构进行合作,冒充招聘公司在招聘网站上发布大量虚假招聘信息吸引求职者到本公司贷款培训的骗局。"培训贷"的常见犯罪手法和步骤如下所述。

1. **虚假招聘"请君入瓮",职业前途"一片光明"**

虚假培训机构通常会冒充招聘公司大量发布对专业、工作经验毫无要求,无需任何条件可直接面试,且薪资待遇明显高于同职位同工种薪资水平的虚假招聘信息吸引求职大学生。

2. **能力不足需培训,先交上万培训费**

面试后,"面试官"会以你的能力不达标为由,要求你进行入职培训,并以"限时优惠学费8折""分期付款压力小""培训完成立即上岗"等理由诱导你向与他们合作的网络贷款机构进行网络贷款,分期支付上万元的培训费用。

3. **培训全靠忽悠,退款门都没有**

你培训后会发现,所谓的"高学历讲师"其实只是一种伪装,培训内容也只是利用网络上的资料随意拼凑的。这时,你要求中断培训,他们却拒不退款,还要求你立即付清所有贷款或要求你赔付高额的违约金。

4. **以为熬到头,却没想人去楼空**

你若耐着性子培训完之后,他们并不会立即通知你入职,而是让你回家等待回复。你迟迟等不到回复,然后会发现所谓的公司早已人去楼空。

案例分析

张同学毕业至今3个月了还没有找到工作,一天,他在某大型招聘网站上看到这样一则关于深圳市××有限公司的招聘信息:"高薪招聘跟单员长期工20人,学历不限,经验不限,年龄不限;包吃包住,缴纳五险一金,加班有补助,综合工资8 000~12 000元/月;每月10号准时发工资,遇到节假日提前发放;所需证件齐全;培训即上岗,没钱培训还可协助贷款;有意者打电话159×××2486预约面试。"你认为张同学应该联系预约面试吗?

小贴士

防 骗 指 南

初入社会的你,一定要擦亮眼睛,务必保持头脑清醒,不要莫名其妙背上一身债务,个人诚信档案不容一个红叉。

(1)无任何要求可直接面试且薪资待遇异常高的招聘信息可能涉及假招工等欺诈行为,遇到此类信息应提高警惕,不轻信。

(2)在入职前遇到公司要求缴纳"押金""服装费""培训费"等各种费用时,应提高警惕,坚决不支付。

(3)掌握基本的金融知识,增强风险意识,警惕诱导式的消费。

(4)有贷款需求时,应和家人商量后,再选择正规的金融机构贷款。

(5)如发现可疑情况或被骗,立即拨打110报警。

中国银保监会等五部委联合发布《关于进一步规范大学生互联网消费贷款监督管理工作的通知》

2021年3月17日,中国银保监会等五部委联合发布《关于进一步规范大学生互联网消费贷款监督管理工作的通知》(银保监办发〔2021〕28号)明确,小额贷款公司不得向大学生发放互联网消费贷款。

一是加强放贷机构大学生互联网消费贷款业务监督管理。明确小额贷款公司不得向大学生发放互联网消费贷款,进一步加强消费金融公司、商业银行等持牌金融机构大学生互联网消费贷款业务风险管理,明确未经监管部门批准设立的机构一律不得为大学生提供信贷服务。同时,组织各地部署开展大学生互联网消费贷款业务监督检查和排查整改工作。

二是加大对大学生的教育、引导和帮扶力度。从提高大学生金融安全防范意识、完善帮扶救助工作机制、全面引导树立正确消费观念、建立日常监测机制等方面要求各高校切实担负起学生管理的主体责任。

三是做好舆情疏解引导工作。指导各地做好规范大学生互联网消费贷款监督管理政策网上解读和舆论引导工作,对于利用大学生互联网消费贷款恶意炒作、造谣生事的行为,主动发声、澄清真相,共同营造良好舆论环境。

四是加大违法犯罪问题查处力度。指导各地公安机关依法加大大学生互联网消费贷款业务中违法犯罪行为查处力度,严厉打击针对大学生群体以套路贷、高利贷等方式实施的犯罪活动,加大对非法拘禁、绑架、暴力催收等违法犯罪活动的打击力度,依法打击侵犯公民个人信息的违法犯罪活动。

(资料来源:中国银行保险监督管理委员会官网,2021年3月17日)

《今日说法》"善人"们的真面目(校园贷)

《今日说法》套路(上)

《今日说法》套路(下)

|财商活动单——远离校园贷·防范我先行|

一些非法借贷平台借款给学生,不仅助长了学生的攀比心理和消费欲望,更重要的是有些借款还远远超出了个人甚至家庭的承受能力,使学生身负"巨额债务"。给学生的心理、身体甚至家庭造成了伤害,同时也形成了一定的恶性循环。

请你做一次"远离校园贷·防范我先行"的主题分享活动。从以下几个角度进行介绍和分享看法,如表6-1所示。让同学们了解校园贷款的风险,提高防范意识,树立正确的消费观念,杜绝不良校园贷款,创造平安和谐稳定的校园环境。

表6-1 校园贷主题分享

什么是校园贷	
校园贷的手段有哪些	
校园贷的危害	

（续表）

为什么平台要借钱给不具备偿还能力的学生	
如何避免陷入校园贷	
正规贷款的途径有哪些	
正规贷款需要具备哪些条件	

话题四：缴费入会 2 年成为百万富翁，
　　　　你要不要去

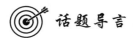 **话题导言**

　　小赵毕业后一直没有找到适合的工作，小赵太想有一份体面又收入高的工作了。这时小赵的初中同学打电话来称自己发财了，他告诉小赵自己所在的公司是做国家投资项目的，资源丰富人脉广，投资项目赚钱快，让小赵一起来投资。只要投入 5 000 元就能参与项目，2 年后工程结束至少赚百万元。初中同学嘱咐小赵千万别跟其他人说，这发财的机会就只告诉小赵。小赵有些动心了。请问小赵要不要去参与同学介绍的项目？

 知识储备 1：什么是传销

　　《禁止传销条例》规定，传销是指组织者或经营者发展人员，通过对被发展人员以其直接或间接发展的人员数量或者销售业绩为依据计算和给付报酬，或者要求被发展人员以缴纳一定费用为条件取得加入资格等方式牟取非法利益，扰乱经济秩序，影响社会稳定的行为。

　　通俗地说，传销就是一种人传人的营销。它是通过人拉人的形式层层发展，形成一个金字塔式的网络结构。在这个网络中，传销人员要发展新人员做下线，下线进入传销组织后，也必须发展下线，如此层层发展向下传递。发展下线也叫"拉人头"，所以传销的"传"就是拉人头。一方面，传销组织通过金字塔网络实现对下线的管理，并诱惑和控制下线发展下线，从而让金字塔网络继续以惊人的速度发展下去；另一方面，新收的入门费要沿着金字塔网络向上集中到组织者手里，从而达到"喂饱"金字塔顶端少数上线，满足传销组织者敛财暴富的目的。这种组织发展和管理模式聚众效率高、发展速度快、人员控制严、欺骗性强。传销本身也是以金字塔网络的模式进行设计的财富骗局。

　　进入传销成为下线，需要缴纳入门费。这个入门费既可以是一笔用于购买规定数量传销商品的货款，也可以是一笔投资。例如，"1040 阳光工程"传销入门费起点是 3 800 元，这 3 800 元为一个份额，相当于进入该传销的一个入门凭证。交入门费，相当于从上线与下线手中购买进入传销的资格，具备了这个资格，就可以发展自己的下线，并参与下线钱款的分利。这是传销的"销"。入门费还会使用其他名称，如加盟费、投资款、体验费、货款、保证金、预付款等，不管什么名字，其本质上是一样的。

知识储备 2：传销的危害

传销从本质上讲是一种诈骗,为了骗钱,传销组织不择手段地布下陷阱,最终使得上当者遭受经济损失甚至倾家荡产。一些被骗人员流落异地,生活悲惨,甚至寻短轻生。同时传销通过洗脑等手段,诱惑和控制加入者疯狂拉人头发展人员,把自己的亲人朋友都拉进传销陷阱,给社会稳定埋下隐患。随着传销体系的最终崩溃,所有参与者纷纷遭受经济损失,潜伏着的各种矛盾都将激化,最终引发各种犯罪行为,扰乱社会正常的生活秩序、经济秩序。

传销是一种有组织的犯罪活动。不仅给治理传销增加了难度和危险,而且经常制造恶性违法犯罪案件。例如,非法拘禁殴打侮辱、致人死亡等暴力犯罪行为层出不穷。被骗人员除了经济利益丝毫得不到保障,人身安全也面临威胁,甚至一些被骗人员也会参与偷盗、抢劫、械斗、卖淫、聚众闹事等违法行为,给群众的生命财产安全造成威胁,对社会稳定造成严重侵害。

传销不顾事实地鼓吹"轻松赚钱,快速致富",助长了社会不劳而获、坐享其成、投机取巧、唯利是图的风气,危害了社会道德和社会风尚。

 ### 小贴士

亲朋好友加入传销后,我该怎么办?

首先要注意保护自己,当得知亲友参加传销后,要立刻提高警惕,坚持"三不原则"(不相信、不前往、不汇款)。同时要尽快把消息传播到整个社交圈子,并提醒该亲友的亲戚朋友都要注意,不要相信他说的话,不要接受他的邀请,也不要给他汇款打钱,以此破坏他的邀约市场,切断其经济来源,避免更多人上当,也避免他陷得更深。

其次要利用适当时机对其进行劝服,当然劝说工作中肯定会遇到很大的困难,因为他身后有整个传销团队在支持他,有整套的骗人手段和经验来跟你斗争,所以你一定要做好心理准备,必要的时候要向专业反传销人士寻求帮助。

最后如果无法劝服他,那就需要报案,借助政府力量打倒传销组织,挽救亲友。报案前,要想方设法套取报案所需的基本信息。套取信息的时候要不动声色,避免对方产生怀疑从而产生警觉或者转移地点,给解救造成新的困难。

 ### 拓展阅读

贵州省破获一特大传销案:传销组织 6 级 41 层涉案 17 亿

2017 年 6 月,贵州省警方破获一起涉嫌传销的案件。据警方调查,这个名为"国宏基金""国宏众筹"的组织网络已遍及全国 31 个省、直辖市、自治区,会员已逾 3 万人次,会员之间存在着推荐关系,组织结构共 6 级 41 层,呈金字塔结构,实际收取参与人资金达 17 亿余元。

与传统传销活动不同的是,该组织网络采取了"私募基金""众筹"等新名头,以投资新能源电池、新能源汽车等项目为名募集资金,而在宣传中均存在不同程度的夸大和虚构的情形。

马晓明及核心团队成员林某某等人研究制定了一套复杂的奖励模式,根据规则,全部会员交纳费用的30%用于发展下线的返利奖励,通过信息津贴、合作津贴、管理津贴、领导津贴等多项名目向各级人员返利。激励效果是显而易见的。截至案发,国宏众筹项目在全国层层传递发展会员共计 31 700 余人次。

贵州省黔东南苗族侗族自治州公安局专案组负责人介绍,这起涉嫌传销的案件和原来的传销模式相比,有了很大的变化,除了传统"人拉人"的线下方式,还有很大一部分是在网上进行,而且采取了以"基金""众筹"等为名的新形式。

专案组负责人介绍,不管采取哪种形式,传销和正常经营的一个非常大的差别是计酬模式。传销的主要收入来源是以发展下线的形式收取返利。

(资料来源:新京报,2017 年 6 月 20 日)

贵阳市观山湖区警方侦破特大传销案　抓获 26 人遣返 4 000 余人

贵阳市观山湖区警方 6 月 1 日下午召开新闻发布会称,警方于 2015 年 5 月 31 日成功侦破一特大传销案,一举抓获涉及广东、河南、湖南、安徽、四川、云南等省 A 级传销头目 26 名,捣毁传销窝点 10 个,遣返传销人员 4 000 余人。

专案组民警表示,传销组织具有打击难、取证难、组织庞大、人员多、危害大的特点。对此,专案组民警充分利用观山湖区"天网"密集的优势,积极调动社区民警并整合社区、物业、居民等资源,采取走访、排查、蹲守、跟踪等方法,开展了大量线索梳理、走访摸排等工作。

《今日说法》
卧底传销
大本营(一)

5 月 31 日上午 10 时,传销组织"老总碰头会"刚一开始,观山湖区公安刑警、特警等多警种迅速出击,将正在开会的传销头目全部抓获。与此同时,为彻底根除传销组织在贵阳市的活动场所,观山湖区警方对分布在观山湖区世纪城、远大生态、景怡苑等小区的传销团伙"经理室"进行清理,对居住在云岩区盐务街附近的传销总裁居住地依法进行了搜查,对各个传销窝点逐个进行捣毁。

此次行动共捣毁传销窝点 10 处,清理遣返参与传销人员 4 000 余人,收缴非法传销资料数千份、各类传销书籍近百册、扣押手机、相机、手提电脑等涉案物品百余件以及银行卡数百张。

《今日说法》
卧底传销
大本营(二)

据办案民警介绍,该传销组织打着"纯资本运作""连锁经营""阳光工程""西部大开发"等旗号,大肆发展下线进行传销活动。该组织经过长期的运作还"创造"出一套独有的"洗脑操作流程",其"蛊惑力"之大,效果之灵验,让组织者屡试不爽。警方提醒广大市民,要认清传销本质,加强防范意识,筑起心理防线,以防事情发生后才追悔莫及。

(资料来源:中国新闻网,2015 年 6 月 1 日)

《今日说法》
卧底传销
大本营(三)

|财商活动单——清醒头脑,警惕传销|

请你组织一次"求职需谨慎,传销是陷阱"的主题分享活动。非法传销相关内容如

表 6-2 所示。

让同学们辨别非法传销的知识,提高警惕,保持清醒的头脑,远离传销。

表 6-2　非法传销相关内容

什么是传销	
传销的危害	
如何识别传销	
如果亲朋好友陷入传销该怎么办	
传销如何利用了我们的"发财梦"	

主题七　信用与征信

学习导航

知识目标：

1. 了解信用的含义及主要形式
2. 了解征信的含义、原则、特征及作用
3. 认知信用在生活中的作用
4. 认知我国信用体系和个人征信系统

能力目标：

1. 能够形成良好的信用习惯，避免产生不良征信记录
2. 能够使用个人征信系统查询个人信用记录

思维导图

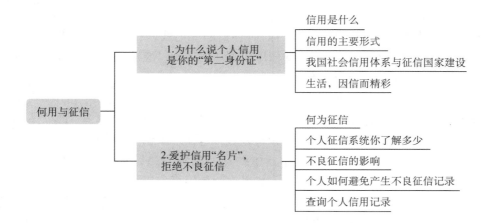

话题一：为什么说个人信用是你的"第二身份证"

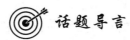 **话题导言**

王同学出门在外办事，一通电话打下来仅只剩最后一格电了，王同学赶紧来到附近的商家找到共享充电宝，用仅剩的一格电完成了共享充电宝的借用。王同学长舒一口气，"还好我的微信支付分有 650 分，可以免押金先借用。如果微信支付分不够，一番操作下来手机没电，充电宝肯定借不成，那就太耽误事了"。想一想微信支付分为什么可以让我们免押金先用后付款？良好的个人信用还能为我们带来哪些生活便利？

 知识储备 1：信用是什么

信用是指依附在人之间、单位之间和商品交易之间形成的一种相互信任的生产关系和社会关系。信用构成了人之间、单位之间、商品交易之间的双方社会主体自觉自愿的反复交往，消费者甚至愿意付出更多的钱来延续这种关系。

从经济学的角度理解，信用是建立在授信方对受信方偿付承诺的信任的基础上，使受信方不用立即付款就可获得商品、服务或货币的能力。这种能力受到一个条件的约束，即受信方在其应允的时间期限内为所获得商品、服务、货币付款或付息。这个时间期限必须得到授信方的认可，具有契约强制性。例如，你借的一笔钱或一批货物（赊销），实际上相当于你得到了授信方的一个"有期限的信用额度"，你之所以能够得到对方"有期限的信用额度"，主要是由于对方对你的信任。

信用既是社会主体的一种理性行为，也是一种能力体现，是一个人生活中必不可少的无形资产，能够帮助人们解燃眉之急、应不时之需、提高生活质量等。我们身处信用经济时代，应形成良好的信用意识，关注自己的信用体系，在未来创造更多的财富。

信用在借贷中发挥着重要作用，生活中的每一次信用交易、每一次借贷履约行为记录，都会成为我们未来的信用价值记录。如果你的信用报告反映你是一个按时还款、认真履约的人，银行不但能提供车贷、房贷等信贷服务，还可能在金额上给予高额度，在利率上给予优惠。如果信用报告中出现了你借钱不还的记录，这个记录就会影响你贷款的结果。银行会因为这个记录慎重考虑是否要贷款给你，可能会让你提供抵押物或者担保人，也有可能提高贷款的利率，更严重的可能会对你的贷款申请予以拒绝。如果信用报告中显示出你从银行已经贷了很多钱，银行也会根据此类情况慎重考虑。

思政 点睛

2014 年 5 月 4 日，习近平总书记在北京大学师生座谈会上强调，中华文化强调"言必信,行必果""人而无信,不知其可也"等。这样的思想和理念,不论过去还是现在,都有其鲜明的民族特色,都有其永不褪色的时代价值。

 知识储备 2:信用的主要形式

在社会化生产和商品经济发展中,信用形式也在不断发展,其主要形式有商业信用、银行信用、国家信用、消费信用等。

商业信用是指企业之间相互提供的与商品交易直接联系的信用,如赊销赊购商品、预付货款、分期付款、代销等形式。商业信用直接与商品生产和流通相联系,包括企业之间以赊销分期付款等形式提供的信用以及在商品交易的基础上以预付定金等形式提供的信用。

银行信用是银行和各类金融机构以货币形式进行的借贷活动。其主要表现形式是吸收存款、发放贷款等。银行通过借贷关系,将闲置的货币资金贷给需要货币的企业。银行信用是在商业信用的基础上发展起来的,它突破了商业信用的局限性,比商业信用更适应社会化大生产的需要。

国家信用是指国家(政府)直接面向公众进行的借贷活动。国家(政府)在这种信用关系中处于债务人的地位。国家信用在国内的基本形式是国债,它通常以发行公债券和国库券的形式来实现。公债券是由政府发行的一种长期债券,发行公债筹措的资金主要用于弥补财政赤字和其他非生产性开支。国库券是由国库直接发行的一种短期公债,主要是为了解决短期的国库开支急需。

消费信用亦称"零售信贷",是银行或企业对消费者个人提供的信用。消费信用的主要形式是分期付款和消费贷款,生活中比较常见的有蚂蚁信用、白条信用、微信支付分等。分期付款是商家推销商品的一种技巧,是指消费者在购买商品时,不付款或付一部分款就可取货,以后再分期偿还所欠货款的一种形式。如果消费者不能按时偿还欠款,将会产生逾期费用,甚至会影响个人征信。消费贷款是由银行通过信用放款或抵押放款以及信用卡、支票保证卡等向消费者提供的贷款。

商品经济的信用体系中,商业信用和银行信用是基本的信用形式。银行信用在信用体系中居主导地位,商业信用是银行信用乃至整个信用体系的基础。

 知识储备 3:我国社会信用体系与征信国家建设

社会信用体系是指为促进社会各方信用承诺而进行的一系列安排的总称,包括制度安排,信用信息的记录、采集和披露机制,采集和发布信用信息的机构和市场安排,监管体制、宣传教育安排等各个方面或各个小体系,其最终目标是形成良好的社会信用环境。社会信用体系是一种社会机制,以法律和道德为基础,通过对失信行为的记录、披露、传播、预警等功能,解决经济和社会生活中信用信息不对称的矛盾,从而惩戒失信行为,褒扬诚实守信,维护经济活动和社会生活的正常秩序,促进经济和社会的健康发展,保证经济良性运行。

如果一个国家的社会信用体系比较健全,公正、权威的信用产品和信用服务已经在全国普及,信用交易已成为其市场经济的主要交易手段,这样的国家通常被称为征信国家。在征信国家,信用管理行业的产品和服务深入到社会的方方面面,企业和个人的信用意识强烈,注重维护信用,有着明确的信用市场需求。因此,征信国家的对外信誉较好,信用交易的范围和规模很大,可以获得更高的经济福利。

改革开放40多年来,我党积极开展中国特色社会主义伟大实践,为政府、市场和社会的良性互动奠定坚实基础,努力探索出一条适应现代国家治理的社会信用体系建设之路。20世纪80年代后期,一批以信用评价为代表的信用中介机构开始出现和发展,开启了我国社会信用体系建设之路。《社会信用体系建设规划纲要(2014—2020)》《企业信用评价指标》等一系列文件、政策、执行标准正式发布后,我国的社会信用体系框架搭建基本完成,建立了统一的社会信用代码制度,信用法规和标准逐步确立。随着各部门、各地区之间信用联合奖惩合作备忘录的签署,我国信用联合奖惩制度已逐步建立,失信被执行人通过"信用中国"被广泛查询。截至2018年,全国信用信息共享平台已经覆盖了44个部委和所有省区市,"信用中国"网站向社会开放了公共信用信息查询服务,实现社会信用信息全国共享,市场化社会信用服务进一步完善。

2020年1月17日,中国人民银行征信中心启动二代征信系统切换上线工作,我国的社会信用体系建设引来了全面渗透、全面提升、联合推动的新阶段。如今,信用已经融入生活的各个方面,小到共享单车的使用,大到大额贷款。每年都会有大学生在兼职时泄露自己的身份证信息,出现让他人利用其身份证详细信息借高利贷的案例。因此,我们要保管好个人的信用信息。例如,尽量不要用公共网络查询相关信息;不要轻易把信用报告提供给其他商业机构;信用报告使用完后,不要随意丢弃,避免泄露信用信息或被他人盗用。

主动守信者可享受申报"秒办"便利

近日,深圳市人力资源和社会保障局出台《政务服务信用承诺管理办法》,在全市范围内率先推行"信用审批"新模式。通过"申请人事前自主承诺、审批人员事后监管、虚假申报撤销审批决定并列入失信惩戒名单",实现业务申请"即办即得可追溯",首批将试点上线4个事项,进一步突破传统的"重审批轻监管"政务服务模式。

深圳市人社局介绍,首批4个"信用审批"试点事项将于9月初陆续上线,包括博士后设站单位申请一次性资助、博士后设站单位申请日常经费补助、城乡居民养老保险死亡待遇申领、城乡居民养老保险关系结算。

申请人可自主选择信用承诺方式申报业务,申报完成后系统自动生成《信用申报承诺书》,对申报信息、材料真实性以及违约责任等作出书面承诺。深圳市人社局将鼓励申请人主动守信,以享受信用申报"秒办"便利,并将申请人的个人信用承诺、事后核查履约情况纳入市人社系统乃至全市信用平台。一旦"违约",申请人将不能享受"信用申报""秒批""不见面审批""容缺办理""无感申办"和压缩时限、预约办理、绿色通道等一系列便利性服务,存在严重失信行为的将根据法律法规规定进行业务申请限制。

截至 2020 年 7 月 31 日,人社"秒批"事项已达到 36 个。此次推动的"信用审批",就是在"秒批"工作基础上通过精简办事程序,进一步压缩企业群众办事等待时间的一次创新尝试。接下来,人社部门将逐步扩大信用审批服务事项范围,推动人社全领域信用承诺服务,让更多守信的申请人享受到"自动审批"的便利。

(资料来源:深圳晚报,2020 年 9 月 1 日)

思政 点睛

2014 年 1 月 15 日,李克强总理主持召开国务院常务会议时强调,建设社会信用体系是长期、艰巨的系统工程,要用改革创新的办法积极推进。要把社会各领域都纳入信用体系,食品药品安全、社会保障、金融等重点领域更要加快建设。要完善奖惩制度,全方位提高失信成本,让守信者处处受益、失信者寸步难行,使失信受惩的教训成为一生的"警钟"。

 知识储备 4:生活,因信用而精彩

随着我国社会主义市场经济的发展,信用已经覆盖了我们生活的方方面面,无论是衣食住行还是社会交往都离不开信用。信用经济能给人们生活带来许许多多的便利。随着信用评估及信用转化应用的多元化发展,信用优良的人们会更深刻地感受到信用这一隐形财富所带来的"特权"及派生价值。

1. 先刷卡再还款

目前,国内的绝大多数银行都推出信用产品——信用卡。信用卡是指发卡银行给予持卡人一定的信用额度,持卡人可以在该信用卡额度内先消费后还款,进行透支消费的银行卡。在我国,一般情况下,只要年龄在 18 周岁以上、拥有稳定的工作和合法的收入、具备一定的还款能力、个人征信良好、无不良信用记录的申请人都可以申请银行信用卡主卡。

信用卡一般有最短 20 天、最长 56 天的免息期,能为消费者减轻一定的资金周转压力。一般普通的信用卡不激活不会收取年费,但是高等级的信用卡不激活也会收取大量年费。不过银行一般会有免年费政策,需要提前询问工作人员。切记不要将信用卡借给他人,如果他人造成信用卡逾期,银行会追讨持卡人的责任。持卡用户应保持良好的用卡习惯,注意及时还款,在还款日后的宽限期内未及时还款,银行便会收取违约金以及上传征信等。

信用卡还具有直接取现的功能。由于信用卡的特殊性质,每个银行规定对取现要收取手续费和利息。各个银行的取现手续费存在一定的差异,但多数银行都按照 1% 收取取现手续费,最低为 10 元。信用卡取现利息从取现当日开始计算,国内银行均按照日利率的 5‰收取取现利息,偶尔部分银行会推出取现利息减免活动。信用卡取现最高额度为信用卡总额的 50%,如果取现时用户额度不足 50%,那只能取现剩余额度。

小贴士

信用卡使用注意事项

1. 不要因为提额度而盲目刷卡

一般而言,个人的还款能力是有限的,经常透支信用卡,会在一定程度上影响生活质量。如果不能及时还款,银行还要收取高额利息,甚至会形成个人失信记录。

2. 不要以为设置自动还款就高枕无忧了

许多人会将银行卡账户与信用卡绑定约定自动还款,如果银行卡账户余额不足,就无法完成全部还款。因此,需要在还款日前检查银行账户余额是否充足,最好在还款日给自己设置一个必要的还款提醒。

3. 个人信息变更要及时告知发卡机构

如果你的个人联系信息发生变化,要及时通知发卡机构进行变更,以确保准时收到对账单、还款金额等银行通知,及时还款。

4. 销卡后要进行复查

大多数银行目前都有提供电话销卡服务,如果你不想用某张信用卡,只要致电发卡银行就可以销卡。在销卡后要做好"复查"工作,避免因为销卡不成功造成不良影响。

5. 不是卡越多越好

生活中,有的人会办理多张信用卡,便于在不同的场景下"薅羊毛"。但是信用卡过多可能会带来混乱账单、遗忘还款、卡片丢失等风险。

2. 先消费后付款

生活中,我们会见到建立在信用基础之上的各种先消费后付款的场景,无人货柜、机上离线购、无人便利店、娱乐设备、物流快递、校园热水等。商品赊销是先消费后付款的常见类型,这是一种基于消费信用的先享受再付费的典型代表,适用于日常零星购物,是零售商对消费者提供的一种短期消费信用,如某村村民王某向村里小卖部赊账买了一袋大米。

网络购物中电商平台或其他商家对消费者提供的消费信用模式,如京东白条、支付宝花呗等信用产品,它们也可以为消费者提供先消费购物再付款的服务。消费贷款是商业银行或其他金融机构、购物平台等对消费者提供的消费信用,适用于耐用消费品购买,如李先生有意在某 4S 店购买轿车,并向银行申请了汽车消费贷款,先购买车辆,然后再向银行还款。此外,有些移动支付平台也推出了先用再付费,可以完成税费、电费、燃气费、有线电视费、固话宽带费、物业费等生活缴费。

 **小思考**

"先消费,后付款"这种消费模式受到了越来越多人的青睐。商家之间惨烈的市场争夺战,带给大学生的是越来越多的超前消费渠道,以及更低门槛的超前消费机会。针对这一现象,谈谈你的看法。

3. 分期付款压力小

分期付款是商业企业与消费者签订分期偿还欠款的一种消费信用形式。分期付款一般按照合同协定首次支付一定的首付款,其余欠款按合同规定的分期还本付息。

伴随着中国金融服务的完善以及人们消费习惯的改变,国外流行的分期付款消费被引入国内,并迅速得到国内消费者的认可。采用分期付款方式消费的通常是当前支付能力较差,但有消费需求的人群。

分期付款实际上是卖方向买方提供的一种贷款,卖方是债权人,买方是债务人。买方在只支付一小部分货款后就可以获得所需的商品或劳务,但是因为以后的分期付款中包括有利息,所以用分期付款方式购买同一商品或劳务,所支付的金额要比一次性支付的货款多一些。

4. 免押金更省心

近年来,生活中随着信用经济的发展而兴起了越来越多的信用免押金经济新模式。这种模式主要是在租赁行业中以"信用"代替"押金"的信用租赁,如电商购物免定金、运动健身免押金、共享租物免押金等,这种模式还在不断发展壮大中。只要你的信用(如芝麻信用、微信支付分等)良好,达到信用平台的要求,就可以免押金租借充电宝、书籍、雨伞、雨衣、3C 数码、家用电器、汽车设备、珠宝首饰、酒店住宿等。

拓展阅读

地铁站现自助书店　选购付款全凭诚信

近日,一家开设于南宁市地铁 1 号线金湖广场站地铁商业街东方曼哈顿出口处的无人值守书店在网上走红。据悉,在此购书时,选购、下单、付款全程自助,全靠诚信。3 月 10 日,记者探访了这家名为"格书馆"的书店。

书店将书架按颜色分成红、黄、绿、蓝、紫几个小格子,每个格子仅能够容纳一至两人看书或选书,书架指示牌上的"五元一本正版书"几个字非常醒目。除了紫色书架上的书籍是另外标价外,其余颜色书架上的书定价全为 5 元一本。书店以销售二手书为主,种类丰富,涉及中外文学名著、科普、儿童读物等。顾客挑选好书后直接扫书架上粘贴的二维码付款购买,非常便捷。据悉,从去年 9 月开业至今,这家书店从未出现丢书或没付款现象。

(资料来源:广西日报,2021 年 3 月 12 日)

|财商活动单——信用卡介绍|

请你做一次关于信用卡的主题分享活动。从以下几个角度进行介绍并分享看法,让同学们了解信用卡使用的便利与风险,树立正确的消费观念,填写表7-1。

表 7-1　信用卡相关内容

什么是信用卡	
办理信用卡要符合什么条件	
信用卡带来哪些便利	
信用卡使用时的注意事项	
信用卡逾期会带来什么后果	

话题二：爱护信用"名片"，拒绝不良征信

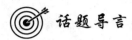 **话题导言**

　　小李毕业后办了一张信用卡，偶尔手头紧，先刷卡后还款，小李觉得使用起来很方便。只是小李平时工作比较忙，每次都要等银行催缴通知到了才想起还款。有几次逾期了几天才还款，小李觉得也没什么，毕竟自己是一分不少都还了的。等小李想买房，办理银行贷款的时候，银行却说小李的征信不符合贷款条件。询问一番后，小李傻眼了："我的信用卡逾期记录怎么还会影响我的购房贷款啊？"请你说说看，小李的逾期还款方式是否违反了信用原则？你还知道哪些行为会产生不良征信记录。

 知识储备 1：何为征信

1. 征信的含义

　　征信是指作为信用交易双方之外的独立第三方专业化征信机构，依法采集、整理、保存、加工个人、法人及其他组织的信用信息，并对外提供信用报告、信用评估、信用咨询等服务，在一定程度上揭示信息主体的信用风险状况，协助授信人或投资人进行风险管理的一种信息服务活动。简而言之，征信的本质就是为授信机构或投资人的决策提供信息参考，是授信人或投资人之间的一种信息分享机制。

2. 征信的原则

　　（1）真实性原则。在征信过程中，征信机构要核实原始材料，确保所采集的信用信息是真实可靠、准确无误的，才能正确反映被征信人的信用状况，保证对被征信人的公平性。

　　（2）全面性原则。征信工作要做到资料全面、内容清晰、信息完整，从而能够全面反映客户的信用状况和信用水平。

　　（3）及时性原则。征信机构在采集信息时要尽量实现实时跟踪，及时披露被征信人的最新信用记录和信用状况，避免因不能及时掌握被征信人的信用变动而为授信机构带来损失。

　　（4）隐私和商业秘密保护原则。征信机构要建立严格的业务规章和内控制度，谨慎处理信用信息，保障被征信人的信用信息安全。

3. 征信的特征

　　（1）征信采集主要是采集信用信息，包括被征信人的姓名、年龄、性别等身份识别信息，贷款、还款及合同履行等信贷交易信息，法院判决信息、欠税信息、行政处罚信息等非银行信用信息。

　　（2）征信需要建立个人或企业的信息账户。征信机构要为被征信人建立个人的信息

账户,并将被征信人在各行各业同其他市场主体的信用交易活动中产生的信用记录都整合到该账户中,形成被征信人个人信息档案。在我国,中国人民银行建立起了全国集中统一的企业和个人征信系统,全面记录信息账户数据,并不断更新。

（3）征信服务是一种信息中介服务。征信就是尽可能全面地把信息主体在各行各业授信服务、消费和投资活动中留下的信用记录形成信用报告,提供给授信机构或投资人的决策作参考。

4. 征信的作用

（1）征信有助于防范信用风险,促进信贷市场健康发展。通过征信活动查阅被征信人的信用记录,授信机构或投资人能够较为准确地了解企业和个人的信用状况,进而采取较为合理的信贷政策,从而保证信贷市场的健康可持续发展。

（2）征信有助于提高信用履约水平。征信活动通过信息共享、各种风险评估等手段将受信方的信用信息全面、准确、及时地传递给授信方,有效揭示受信方的信用情况,同时也在一定程度上督促受信方认真履约,进而有助于提高信用履约水平。

（3）征信有助于加强金融监管和宏观调控,维护金融稳定。征信系统收录了企业和个人多方面的信用信息,能够较为客观地反映企业或个人的信用状况,为加强金融监管和宏观调控创造条件。

（4）征信有助于执法部门提升执法效率。通过查询征信机构的征信数据库,执法部门能够有效解决依法行政过程中存在的信息不对称问题,提高执法效率。

（5）征信有助于提高社会信用意识,维护社会稳定。征信报告全面记录企业和个人的信用信息,有助于金融机构全面了解企业和个人的整体负债情况,有助于政府部门及时了解社会的信用状况变动,防范突发事件对国计民生造成重大影响,有助于企业和个人形成良好的社会信用意识,提高宏观经济的运行效率,维护社会稳定。

 小贴士

征信数据库形成流程

1. 制定数据采集计划

征信机构要从客户的实际需求出发,采取重点突出、不重不漏的原则确定采集数据项,确定科学合理的采集数据方式,既要经济便捷,又要规范化。

2. 采集数据

出于采集数据真实性和全面性的考虑,征信机构采集数据的途径一般来源于已公开信息、征信机构内部存档资料、授信机构等专业机构提供的信息、被征信人主动提供的信息、征信机构正面或侧面了解到的信息。

3. 数据分析

数据查证,征信机构通过查证数据的真实性、数据来源的可信度以及缺失的数据,保证信用产品的真实性;信用评分,征信机构通过进行系统的分析,以信用分的形式对个人未来的某种信用表现作出综合评估;征信机构借助关联分析、分类分析、神经网络分析等统计分析方法对征信数据进行全方位分析。

4. 形成征信产品

征信机构完成数据采集后,根据收集到的数据和分析结果加以整理,形成客观性、全面性、隐私性或商业秘密保护性的征信产品(如征信报告),征信产品要求没有掺杂征信机构的主观判断,可以充分揭露任何能够体现被征信人信用状况的信息,避免泄露相关信息,保护客户和被征信人权益。

个人征信系统

知识储备 2:个人征信系统你了解多少

1. 我国个人征信系统建设

1999 年,中国人民银行开始建设个人信用信息基础数据库。2004 年,中国人民银行建成全国集中统一的个人信用信息基础数据库。2006 年 1 月,我国个人信用信息基础数据库正式运行。经过 10 余年的积极探索和经验积累,我国的个人征信系统和服务体系日益完备。目前,中国人民银行开发的国家金融信用信息基础数据库系统已成为全球最大的个人征信系统,截至 2018 年 6 月底,已收录 9.6 亿条自然人信息,个人信用信息报告日均查询达 530 万次。

我国的个人征信系统已形成了较为丰富的个人征信产品,包括以个人信用报告、个人信用信息提示和个人信用信息概要为核心的基础产品体系,和以个人业务重要信息提示和个人信用报告数字解读为代表的增值产品体系。

个人信用报告是个人征信系统提供的核心产品,多年来,征信中心通过不断优化个人信用报告内容、丰富信用报告版本、完善信用报告版式设计等方式,促进个人信用报告更好地应用。

个人信用信息提示可以查询个人信息主体在个人征信系统中是否存在最近 5 年的逾期记录,通过互联网信用信息服务平台和短信方式向个人信息主体提供查询服务。

个人信用信息概要主要包括信贷记录、公共记录和最近 2 年内查询记录的汇总统计信息,便于消费者快速了解自身的信用概况,通过互联网个人信用信息服务平台向信息主体提供查询服务。

个人业务重要信息提示利用个人征信系统即时更新的数据,按周将各机构用户的本机构"好客户"在其他机构发生的"新增被失信执行人"等提示信息主动推送给相关机构用户总部。

个人信用报告数字解读是在中国人民银行征信中心与美国费埃哲公司合作进行个人征信评分研究项目的基础上,利用个人征信系统的信贷数据,使用统计建模技术开发出来的个人系统风险量化服务工具,用于预测放贷机构违约的可能性,并以"数字解读"值的形式展示。

思政 点睛

2016 年 4 月 18 日,习近平总书记主持召开中央全面深化改革领导小组第二十三次会议时强调,建立和完善守信联合激励和失信联合惩戒制度,加快推进社会诚信建设,要充分运用信用激励和约束手段,建立跨地区、跨部门、跨领域联合激励与惩戒机制,推动信用信息公开和共享,着力解决当前危害公共利益和公共安全、人民群众反映强烈、对经济社会发展造成重大负面影响的重点领域失信问题,加大对诚实守信主体激励和对严重失信主体惩戒力度,形成褒扬诚信、惩戒失信的制度机制和社会风尚。

拓展阅读

建议将消费金融信息纳入征信系统,谨防超前消费和过度信贷

中国证券报记者 14 日从国家金融与发展实验室获悉,近日由国家金融与发展实验室青岛实验基地发布的《金融科技与消费金融发展报告》(以下简称《报告》)建议,对不同消费金融机构适用统一监管规则,将消费金融信息纳入征信系统,谨防超前消费和过度信贷等。

近年来,我国消费金融业务快速发展,消费金融需求的小额、高频、分散特点使得消费金融成为金融与科技融合程度最高的领域之一。《报告》认为,金融科技在消费金融生态链条上的获客、风控与数据、增信、资金等节点上都发挥着重要作用,并且贯穿于金融机构开展消费金融业务的各个环节。

《报告》称,传统商业银行、持牌消费金融公司、互联网消费金融平台等在应用金融科技开展消费金融业务方面各有优劣势。

为促进我国消费金融业务发展,《报告》建议:一是健全法律法规,保护消费金融机构合法追偿、催收的权利,畅通消费金融机构对违约人群的诉讼和征信报送机制。二是对不同消费金融机构适用统一监管规则,支持正规消费金融机构提供更多产品和服务,在防控风险的前提下对消费金融公司适度放宽融资条件。三是加强个人征信等数字基础设施建设,将消费金融信息纳入征信系统。四是严格准入条件,对于实质属于消费金融且现有法规要求持牌的业务必须由持牌机构经营,对现有法规未要求持牌的业务应允许持牌机构与各类具有专业优势的非持牌机构进行合作。五是厘清责任与风险承担主体,对消费金融领域中的联合贷款模式和助贷模式出台有针对性的监管政策。六是加快监管科技建设,推进沙盒监管机制在消费金融领域的落地。七是加强金融消费者保护和教育,鼓励消费者树立正确的消费观念,谨防超前消费和过度借贷。

(资料来源:中国证券报,2019 年 12 月 14 日)

2. 影响征信记录的行为

(1)逾期行为。超过约定时间未履行相应义务或者责任的逾期行为会造成不良征信记录,这也是目前影响个人征信记录的主要行为。例如,信用卡透支消费没有按时还款而产生的逾期记录;助学贷款、房贷、车贷等按揭贷款没有按期还款而产生的逾期记录;按揭贷款、消费贷款等利率上调后仍按合同约定支付月供而产生的记录;为第三方提供担保时第三方没有按时偿还贷款而形成的逾期记录;被别人冒用身份证或身份证复印件产生信用卡欠费记录、拖欠电话费、水电燃气费等公共事业服务费用而形成的逾期记录;手机号停用后没有办理相关手续致使欠费而形成的逾期记录等。

（2）操作不当。生活中，个人操作不当可能会造成不良征信记录，如短期内申请过多的信用卡或贷款，导致征信上的机构查询记录过于频繁，这会影响个人接下来的融资、贷款、申卡等。

（3）社会行为。不良社会行为将会造成个人不良信用记录。例如，欠缴个人所得税及其他应交所得税费、民事判决记录、强制执行记录、行政处罚、旅游过失行为，以及"扒高铁车门""动车上吸烟"不文明乘坐高铁行为等违规社会行为。

此外，随着我国个人征信体系建设不断完善，除原来单一的中国人民银行征信报告，影响个人征信情况的因素越来越多。个人征信系统一旦开放，打车软件爽约、网上订酒店未入住、网购拒绝签收、网店卖假售假、公用事业费欠缴、地铁逃票等不良行为也将会影响你的信用记录。

 小贴士

个人征信出现不良记录怎么办？

（1）银行原因导致的个人负面信用记录，可与银行沟通，由银行向中国人民银行发布相关申请进行修正，也可以自己主动持银行出示的证明材料要求中国人民银行修正。

（2）第三方原因导致的不良信用记录，如进行委托贷款，因第三方没有及时还款而导致信用记录不良，持卡人只要能提供相关材料，并由相关司法部门裁定责任在第三方，可以凭借法院的判决裁定书向中国人民银行申请修改不良信用记录。

（3）如果持卡人本身对信用记录有异议，可持个人有效身份证件在中国人民银行征信中心或当地中国人民银行支行提出异议申请，经中国人民银行进行调查取证，确实存在错误的会修正信用记录。

（4）如上述方式都不能消除，持卡人只能等待自动消除。根据国家相关征信规定，征信机构对个人不良信息的保存期限不得超过 5 年，超过的应予以删除。

 知识储备 3：不良征信的影响

随着网络的发达和经济的发展，出现了许多贷款、理财类产品，尤其是在高校里的学生，往往经不住诱惑。刚步入社会的大学生们要避免掉入失信被执行人的"大坑"里，成为失信被执行人。

失信被执行人是指被执行人具有履行能力而不履行生效法律文书确定的义务，俗称"老赖"。随着国家发展改革委、中央文明办、最高人民法院、财政部、人社会部、税务总局、证监会、中国铁路总公司等相关行政部门一系列政策的出台，失信被执行人受到了越来越多的限制。

思政 点睛

2016 年 12 月 9 日，习近平总书记在中共中央政治局第三十七次集体学习时强调，对突出的诚信缺失问题,既要抓紧建立覆盖全社会的征信系统,又要完善守法诚信褒奖机制和违法失信惩戒机制,使人不敢失信、不能失信。对见利忘义、制假售假的违法行为,要加大执法力度,让败德违法者受到惩治、付出代价。

1. 自己受限制

失信被执行人无法在银行、小额贷款公司等金融机构申请贷款,不仅贷款创业、资金周转成为泡影,连炒股、申请信用卡、申请房贷和车贷都会被拒之门外。

失信被执行人无法乘坐飞机、G 字头等级动车组列车全部座位、其他等级动车组列车一等及以上座位、列车软卧(含高级软卧)和轮船二等以上舱位;无法购买代步私家车和私人飞机,名下的车出行也将受到限制,进出高速路收费站将被暂扣,由高速执法部门移交法院处理。

失信被执行人财产可被法院执行拍卖,应得的养老金应当视为被执行人在第三人处的固定收入,属于其责任财产的范围,人民法院有权冻结、扣划。

失信被执行人不得在星级以上的宾馆、酒店、夜总会、高尔夫球场等场所任性地消费,不得购买不动产及室内装修,不得旅游、度假和出境。

失信被执行人名单同步芝麻信用、消费金融、蚂蚁小贷、信用卡、P2P、酒店、租房、租车等场景及网络消费均受限,支付宝、移动支付、微信支付等网络虚拟交易账户中的资金可被法院查封、冻结。

拓展阅读

欠缴罚金上抖音　自觉丢人忙履行

"之前欠缴的罚金我现在马上来还,请尽快把我的曝光信息从抖音平台上删除,真是太丢人了!"近日,失信被执行人肖某急忙来到福建省沙县人民法院执行服务大厅,当场缴纳了罚金,请求解除对其的失信惩戒措施。

据悉,2019 年 6 月,1998 年出生的肖某因多次盗取他人财物,以盗窃罪被沙县人民法院判处有期徒刑 10 个月,并处罚金人民币 5 000 元。但因肖某名下无可供执行的财产,且其家人亦无法联系上,该笔罚金迟迟未能执结到位。

2020 年 6 月,在得知肖某出狱后,执行法官多次联系督促其履行生效法律文书所确定的义务,但肖某均以各种理由再三推脱。鉴于此,执行法官依法将肖某列入失信被执行人名单,并通过抖音平台发布。近日,肖某身边要好的朋友在刷抖音时刷到曝光肖某失信情况的视频,纷纷将该条视频转发给肖某观看,并开玩笑称"才刚出来别又被抓进去了"。肖某在倍感"脸上无光"的同时,担心自己因为失信再次受到法律制裁,主动联系了承办法官请求履行了还款义务,于是出现了本资料开头的一幕。至此,该案顺利执结。

(资料来源:信用中国,2021 年 1 月 11 日)

2. 家庭受连累

失信被执行人夫妻共同房产也在法院的执行范围内,即使被认定为夫妻个人债务,但存在夫妻共同房产的情形下,法院也能够依法评估拍卖夫妻共同的房产,拍卖后将一半预留给夫妻一方即可。

有些失信被执行人为了躲避债务,将房产都登记在未成年子女名下,法院会综合分析房屋购买时间、产权登记时间、负债情况及购房款的支付,认定案涉房屋所有权属于失信被执行人,就可以强制执行评估拍卖。

现在很多企事业单位以及军校、航空院校等录用人员时需要进行政审,会审查个人信用记录,包括家庭信用记录。如果父母有信用污点或成为法院失信被执行人,那么录用单位一般来说会拒绝录用其子女,甚至子女考大学(含考研)也可能被拒绝录取。

此外,凡是被人民法院列为失信被执行人或限制消费人员的,其子女一律不得录取就读私立学校,已招录的学生应责令退学或转校到公办学校。

拓展阅读

家长失信影响子女上学

2018 年 7 月某新闻台报道:一所私立学校向学生家长发出通知,限制信用记录不良家长的子女上学。学校招生简章直接要求报名学生家长必须信用记录良好;凡父母信用记录不良,学校不予录取其子女;学生家长有信用问题被社会公示,将责令学生退学或转校。

父母信用记录不良,子女受牵连,无法上学。"老赖"的子女,即使是在校生,一旦被发现,也会被责令退学。

海南的小王同学考上了知名大学,却因父亲的不良信用记录差点无缘大学。小王的父亲欠银行 30 万元贷款不还,已逾期 3 年,被银行纳入失信被执行人名单。此时小王通过努力考上了北京名牌大学,可万万没有想到,该大学在资格审查时发现小王的父亲存在失信行为的记录,要求立即澄清。

原本心存侥幸的小王父亲后悔不已,马上联系银行,还清了贷款,要求尽快将他从失信名单中删除。小王同学这才放下心来,顺利进入大学。

(资料来源:节选自《信用经济:建立信用体系创造商业价值》,作者:彭君梅)

知识储备 4:个人如何避免产生不良征信记录

1. 重视自我信用管理

要加强诚信学习,树立诚实守信观念,能够自我独立承担责任和义务,做讲诚信讲信用的人。要养成良好的记账习惯和消费习惯,妥善安排有关信贷活动,选择合适的还款方式,牢记日常消费贷款和各类缴费的还款期限,并采取有效的提醒措施,避免逾期。

诚信起航,
打造良好
征信记录

2. 贷款和信用卡按期还款

不管是信用卡还是贷款,不管是金融机构还是非金融机构,借款逾期了之后,都会涉及支付罚息或违约金。逾期后都会在个人的征信报告上有记录,还款之后也要保留 5 年,这直接影响了借款人以后的生活。

3. 注销闲置信用卡

生活中,有人总会觉得卡越多越有面子,手里的信用卡多达十几张。可是真正在用的只有三四张,更多的卡没有逃过闲置的命运。而现在大多数的信用卡是有年费的(或者需要刷卡消费达到一定次数免年费),如果出现信用卡闲置等情况,就很容易在不经意间产生年费,并且很有可能影响信用。

4. 尽量不为他人担保

如果借款人的个人资质不足,如借款人的收入来源不稳定、借款人的还款实力存疑或者借款人想要拿到更高的贷款额度但是自己又没有抵押物,贷款就需要找一个有一定还款实力的人来做担保。贷款方的风险自然转移给了担保人,一旦借款人不还款,担保人就需要承担连带责任进行还款。

5. 每年定时查询个人信用报告

有时,信用报告中的信息可能会出现错误,因此我们要关心自己的信用记录,一定要每年定期查询,尽早发现自己个人信用记录内容的错误,并尽快联系提供信用报告的机构,及时纠正错误信息,避免自己受到不利的影响。同时,在日常生活中,如果我们因不慎产生了失信行为,信用报告中已存在负面记录,我们要采取主动的方式进行信用修复。

思政 点睛

2014 年 5 月 4 日,习近平总书记在北京大学师生座谈会上的讲话中指出,中华文化强调言必信,行必果;人而无信,不知其可也。像这样的思想和理念,不论过去还是现在,都有其鲜明的民族特色,都有其永不褪色的时代价值。

知识储备 5：查询个人信用记录

目前,中国人民银行个人信用信息服务平台(网址为 https://ipcrs.pbccrc.org.cn)已对外开放,我们可以进入该网站查询个人信用情况,具体的查询方法如下。

第一步:打开中国人民银行征信中心,点击互联网个人信用信息服务平台,进入页面点击"马上开始"。具体操作如图 7-1 所示。

第二步:找到"新用户注册",点击进入,注册个人征信账号。跟随注册导航完成【填写身份信息】【补充用户信息】,通过手机验证码进行验证,提交后完成注册。

第三步:登录个人信息服务平台后,可根据新手导航进行【安全等级变更设置】【信用报告申请】。

图 7-1　征信中心个人信用信息服务平台

|财商活动单——诚信起航　打造良好征信记录|

　　请你做一次关于"诚信起航　打造良好征信记录"的主题分享活动,从以下几个方面进行介绍和分享看法,倡导同学们在未来的日子里,重视自我信用管理,树立诚实守信观念,能够自我独立承担责任和义务,做讲诚信讲信用的人,打造个人良好的征信记录。具体如表 7-2 所示。

表 7-2　个人征信相关内容

生活中,个人信用带给我们的便利有哪些	
关于征信黑名单的案例	
个人征信出现了不良记录,成为失信人被执行人,会受到哪些限制呢	
哪些方法可以避免不良征信	
大学生应该从哪些方面打造自己的诚信人生	

主题八 投资与规划

 学习导航

知识目标：

1. 了解投资中的收益与风险
2. 认识个人风险承受能力与投资产品的关系
3. 认识常见投资产品
4. 认知彩票意义和作用

能力目标：

1. 能根据不同投资需求进行基本投资规划
2. 能计算常见投资产品的收益
3. 正确看待彩票购买行为

 思维导图

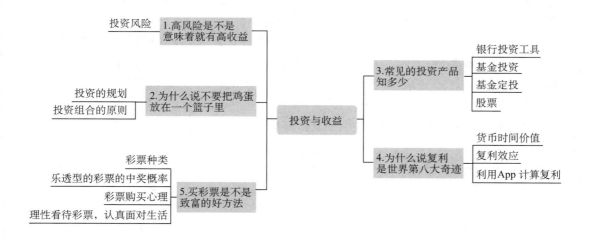

话题一：高风险是不是意味着就有高收益

话题导言

小石平日里省吃俭用有了一些积蓄，想购买理财产品。在购买前，他根据业务需要作了风险测评，测评显示小石是保守型，适合购买低风险的产品。可是小石听说低风险的产品赚不了什么钱，中高风险的产品赚的钱才多，不免有些动摇。请问小石要不要购买中高风险的产品？为什么测评出是保守型风险类型的人，不适合高风险的投资产品？

知识储备 1：投资风险

投资风险是指对未来投资收益的不确定性，在投资中可能会遭受收益损失甚至本金损失的风险。实际投资收益与预期收益的偏离，既有蒙受经济损失的可能，也有获得额外收益的可能，它们都是投资的风险形式。也就是说即使承担了高风险，却不一定能获得高收益，很可能会发生亏损。因此"高风险高收益"应该换一种说法叫"高风险可能让你获得高收益，也可能让你多亏损"。

在投资时，我们要进行风险承受能力的评估。风险承受能力是指一个人有多大能力承担风险，也就是能承受多大的投资损失而不至于影响正常的生活。风险承受能力要综合衡量，这些与个人资产状况、家庭情况、工作情况等都有关系。

一般来说，风险承受能力评级分五级，从低到高分别为 A1（保守型）、A2（稳健型）、A3（平衡型）、A4（成长型）、A5（进取型），与之对应的产品风险等级为 R1（谨慎型）、R2（稳健型）、R3（平衡型）、R4（进取型）、R5（激进型）。在选购和投资产品前，都要经过风险承受能力评级的测试，根据测试结果进行投资。

投资者风险承受和产品风险关系的具体概括如表 8-1 所示。

风险承受能力
评级测试

表 8-1　投资者风险类型与产品风险情况

产品风险情况 投资者风险类型	低风险 （谨慎型）R1	中低风险 （稳健型）R2	中等风险 （平衡型）R3	中高风险 （进取型）R4	高风险 （激进型）R5
进取型 A5	合适	合适	合适	合适	合适
成长型 A4	合适	合适	合适	合适	不合适
平衡型 A3	合适	适合	适合	不合适	不合适
稳健型 A2	合适	合适	不合适	不合适	不合适
保守型 A1	合适	不合适	不合适	不合适	不合适

投资规划

 知识储备 2：投资的规划

普通的投资者在进行投资时，除了想要达到自己投资的目的，更重要的一点是想尽量降低风险。这就需要进行投资规划。除了在前一知识储备中涉及的收益和风险的关系，投资的时长和期限也需要考虑。例如，银行的活期存款利率只有 0.3%，而 2 年定期存款利率为 2.25%，两者收益率的差别是对较长时间的投资所牺牲的流动性的补偿。在投资规划中，我们不仅要考虑投资的收益，还要考虑资产占用的时期，以应付长短期的开支。因此，我们不能把所有的钱都用于投资，万一投资失败会影响基本的生活保障。当然，更不能盲目地借钱投资。

标准普尔曾调研全球十万个资产稳健增长的家庭，分析并总结出他们的家庭资产理财方式，从而得到了标准普尔家庭配置象限图，如图 8-1 所示。此图被公认为是最合理稳健的家庭资产分配方式。

图 8-1　标准普尔家庭配置象限图

第一是要命的钱，即日常开销账户，也就是要花的钱，一般占家庭资产的 10%，是家庭 3～6 个月的生活费。这个账户要能够保障家庭的短期开销、日常生活、购买衣物等。在日常生活中，很多人或家庭没有储蓄和投资的钱，通常是因为这个账户里的花销过多。要花的钱可以放在银行里做短期的定期储蓄、购买短期银行理财产品或者投资货币市场基金。要保证钱的安全性和流动性，保证这部分钱能随时取出来开销。

第二是保命的钱，该笔资产一般占到家庭资产的 20%。这个账户要保障突发的大额开销，主要是意外伤害和重疾保险给我们的生活带来保障，以抵御可能面临的风险，防止我们由于急用钱买房买车而到处借钱，或错失投资的机会。这部分钱可以做 2～3 年的定期存款或大额存款；购买国债或债券基金；购买商业保险。任何情况下都不能用要命的钱和保命的钱去购买股票或投资其他高风险的产品。

第三是保本的钱，这是长期收益账户，也就是保本升值的钱，一般占到家庭资产的40%，是需要提前准备的钱。例如，为保障家庭成员的养老金、子女教育金或留给子女的钱。这个账户的目的是保本升值，一定要保证本金不能有损失，所以收益不一定高，但要有长期意识。

第四是生钱的钱，该笔资产一般占家庭资产的30%，即用有风险的投资创造高的回报。可以选择购买股票、基金或进行其他投资。这个账户的关键在于合理的占比，即要赚得起，也要亏得起，无论盈亏对家庭都不能构成致命性的打击，这样才能从容地抉择。这些投资的共同特点是可能给你带来很高的回报，也有可能让你亏本，所以只能用家里的闲钱来进行投资。这并不意味着闲钱都可以做高风险的投资，而要根据个人或家庭的能力进行投资。但是，在实际生活中，很多个人或家庭在投资初期获得不少的收益后，就会大幅度地提高这个账户中的钱，将家庭中大部分的钱进行投资，忘记了投资规划的初衷。

在家庭中，不同的阶段有不同的理财计划需要。因此，将资产划分为这四个账户，同时按照自身需要合理地进行分配，才能保证家庭资产长期、持续和稳健地增长。

知识储备 3：投资组合的原则

投资组合是由投资人或金融机构所持有的股票、债券、金融衍生产品等组成的集合，其目的是分散风险。根据投资组合实施时所依据的主要条件，可以根据投资工具、投资比例和投资时间进行组合。具体要视情况而定，一般来说，要遵循以下原则。

（1）资金原则。资金充裕的人可以选择风险较高的投资工具。而资金相对较少，尤其是靠省吃俭用攒钱的人，一定不能选择风险较大的投资工具，要选择风险较小的投资组合。

（2）时间原则。投资者最好不要把全部资金一次性用于投资，而是要分批、有计划地进行投资，并结合自己的实际情况将其分为长期、中期和短期投资。

（3）能力原则。投资人的知识越丰富、能力越强，就能更好地进行投资产品的选取。一般来说，投资的产品一定是自己熟悉的、力所能及的，所谓"不懂的不投，不熟悉的不投"。

 知识拓展

对于投资者来说，投资自己不懂的领域就会有很大的风险，做好自己能力范围内的事非常重要，就是所谓的"能力圈"。"能力圈"是以巴菲特为代表的价值投资者坚守的重要原则之一，是指投资人需要对选定的企业进行正确评估，并围绕自己最熟悉的领域进行投资的一种方法。

我们在投资的时候，常常难以抵挡住能力圈以外的利润诱惑，听到很多大涨或高利率的投资产品容易心动和冲动。面对自己能力圈以外的投资，一定要保持冷静，不能盲目跟风。每个人都要为自己的金钱负责。

当然，能力圈不是无法改变的，你现有的知识决定了现在的能力圈范围，想要高投资回报的就需要更多的专业知识。想要扩大能力圈，就需要不断地提高专业知识和投资能力。

（4）心理原则。心理承受能力强的人,可以选择风险高、高收益的产品,因为面对亏损的时候,心理承受能力强的人可以冷静地面对投资中的波折。相反,心理承受能力弱的人,不适合选择高风险的投资组合,当面临失败惊慌失措时,无法作出正确的决策将会导致更大的损失。

|财商任务单——投资行为分析|

2015 年年初,股市大涨,行情一路上扬。通州股民马女士购买的股票也不断上涨,马女士认为这是千载难逢的赚钱机会,随即卖了房子,将 70 万元全部家当投入股市,同时进行杠杆炒股。2015 年 6 月,股市暴跌,十几天的时间马女士不仅血本无归,还倒欠证券公司几万元。

请你帮马女士分析一下,在投资的过程中她犯了哪些错误? 她应该怎样合理规划资金?

话题二：常见的投资产品知多少

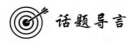 **话题导言**

　　小蔡说："银行里的理财产品肯定都是稳赚不赔的。"小陈说："股票就是看财运，我可能没那个财运。"小邓说："我发现了一只很牛的基金，10 年翻了 8 倍，买基金肯定不会亏。"请问上面三个小伙伴的看法你赞同吗？说说你对投资产品的想法。

 知识储备 1：银行投资工具

1. 活期存款

　　活期存款是无需任何事先通知，存款户可随时存取和转让的银行存款。活期存款利率一般较低，金融机构人民币存款基准利率调整（2020 年 1 月 1 日开始执行）具体如表 8-2 所示。

表 8-2　金融机构人民币存款基准利率调整

项目	年利率
一、城乡居民及单位存款	
（一）活期存款	0.30％
（二）定期存款	
1. 整存整取	
3 个月	1.35％
6 个月	1.55％
1 年	1.75％
2 年	2.25％
3 年	2.75％
5 年	2.75％
2. 零存整取、整存零取、存本取息	
1 年	1.35％
3 年	1.55％
5 年	1.55％
3. 定活两便	按一年以内定期整存整取同档次利率打 6 折

2. 定期存款

　　银行与存款人双方在存款时事先约定期限、利率，到期后支取本息的存款。如果存款人选择在到期前向银行提取资金，通常需要向银行支付一定的费用。存期为 3 个月、6 个月、1年、2年、3年、5年等。从金融机构人民币存款基准利率调整表中可以看到，1年的定期存款利率为 1.75%。

3. 大额存单

大额存单是指由银行业存款类金融机构面向个人、非金融企业、机关团体等发行的一种大额存款凭证。与一般存单不同的是，大额存单在到期之前可以转让，投资门槛高，金额为整数，一般 20 万元起存。作为一般性存款，大额存单比同期限定期存款利率更高。

大额存单是按期发行的，而且每期发行的额度有限，所以大额存单并不是随时都可以买到。

4. 银行理财产品

银行理财产品是商业银行在对潜在目标客户群分析研究的基础上，针对特定目标客户群开发设计并销售的资金投资和管理计划。在理财产品这种投资方式中，银行只是接受客户的授权管理资金，投资收益与风险由客户或客户与银行按照约定方式双方承担。根据客户获取收益方式的不同，理财产品分为保证收益理财产品和非保证收益理财产品。

1）保证收益理财产品

保证收益理财产品是指商业银行按照约定条件向客户承诺支付固定收益，银行承担由此产生的投资风险或者银行按照约定条件向客户承诺支付最低收益并承担相关风险，其他投资收益由银行和客户按照合同约定分配，并共同承担相关投资风险的理财产品。保证收益的理财产品包括了固定收益理财产品和有最低收益的浮动收益理财产品。

（1）固定收益理财产品的收益到期是固定的，如 3.05%，如图 8-2 所示。

图 8-2 保证收益型银行理财产品

 小思考

假设投资 1 万元,投资期限 180 天,预期年化收益率为 3.05%,到期的收益为多少元?

到期收益 = 10 000 × 3.05% × 180 ÷ 365 = 150.41(元)

(2)有最低收益的浮动收益理财产品设有最低收益,如 2%,其余部分视管理的最终收益和具体的约定条款而定。

2)非保证收益理财

非保证收益理财又可以分为保本浮动收益理财产品和非保本浮动收益理财产品。购买银行理财产品时,要仔细查看条款,不是任何的银行理财产品都是稳赚不赔的。

(1)保本浮动收益理财产品是指商业银行按照约定条件向客户保证本金支付,本金以外的投资风险由客户承担,并依据实际投资收益情况确定客户实际收益的理财产品,如图 8-3 所示。

📋 产品详情

产品名称	"金钥匙·汇利丰" 2020年第0199期人民币结构性存款产品		
产品系列	汇利丰-汇利丰留存分行	币种	人民币
认购起始日期	2020/02/25	认购结束日期	2020/03/03
起息日	2020/03/04	到期日	2021/03/05
投资期限	366天	预期年化收益率	1.75%-3.5%
产品开封闭类型	封闭	销售状态	可售
风险等级	低	收益类型	保本浮动收益
发行区域	全国发行	起购金额	200000元
发行机构	中国农业银行	产品说明书	📄说明书阅读

🏦 中国农业银行 结构性存款产品及风险和客户权益说明书 保本浮动收益型

中国农业银行

"金钥匙·汇利丰" 2020 年第 0199 期人民币结构性存款产品说明书

本结构性存款产品是 保本浮动收益 结构性存款产品,期限 366 天。在满足一定条件下,投资者可获得 3.50% 的净年化收益;在最差的市场情况下,投资者可获得 1.75% 的净年化收益。(具体收益结构见产品说明部分"产品收益说明")

图 8-3 非保证收益理财产品

(2)非保本浮动收益理财产品是指商业银行根据约定条件和实际投资收益情况向客户支付收益,并不保证客户本金安全的理财产品,如图 8-4 所示。

中国农业银行 AGRICULTURAL BANK OF CHINA	理财产品及风险和客户权益说明书封闭净值型(固定收益类)

中国农业银行"金钥匙·安心得利·灵珑"2020年第6期
新客户新资金专享封闭净值型人民币理财产品

本理财产品最长期限 182 天（取决于银行提前终止条款），为固定收益类（非保本浮动收益型）理财产品。本理财产品设有业绩比较基准（具体收益结构见本说明书 "产品收益说明" 部分）。

本说明书包括风险揭示书部分、产品说明部分及客户权益须知专页部分，与《中国农业银行股份有限公司理财产品协议》共同构成理财产品销售文件。为了维护您的合法权益，防范投资风险，请仔细阅读理财产品销售文件，了解理财产品具体情况；如影响您风险承受能力的因素发生变化，请及时完成风险承受能力评估，请在投资前，仔细阅读风险揭示书内容。如有疑问，请向客户经理或理财经理咨询。

图 8-4　非保本浮动收益理财产品

拓展阅读

20 余只银行理财产品开始亏钱了！市场人士：以后要习惯

最近，由于理财产品净值下跌，两家银行的理财产品站在了风口浪尖。

一家是招商银行，其子公司招银理财出售的一款理财产品"季季开 1 号"近 1 个月年化收益率为—4.42％。此外，招商银行 App 上出售的"季季开 2 号"也出现了净值回撤，成立以来年化收益率为—0.63％，6 月 3 日的单位净值为 0.9996。

平安银行的几款理财产品则遭到了更为猛烈的"炮轰"。在多个投诉平台上，都可以看到投资者的激烈言辞。以平安银行 90 天成长为例，截至 6 月 10 日，该产品近 1 个月年化收益率为—7.17％，而近 3 个月年化收益率为 1.01％。

无论是招行的"季季开 1 号"及"季季开 2 号"，还是平安银行的 90 天、180 天、270 天成长理财，都属于投向固定收益类的净值型产品，在风险评级上也都是较低风险或中低风险。

金融监管研究院副院长周毅钦有句话说得好，他认为投资者应摒弃"保本"幻想，改变以往"低头闭眼"买理财的方式，而是"抬头睁眼"认真阅读产品说明书，辨析风险，选择适合自身风险承受能力的理财产品。

（资料来源：中国经济周刊，2020 年 6 月 11 日）

知识储备 2：基金投资

基金是指通过发行基金份额，集中投资者的资金，由基金托管者托管，由基金管理人管理和运用资金，从事股票、债券等金融工具投资，并将投资收益按基金投资者的投资比例分型分配的投资方式。

基金投资由专业人士进行管理，不用自己买卖股票，选好基金后不需要花较多时间去管理。对不熟悉股票市场、平时没有时间和精力去投资的投资者而言，基金是很好的选择。根据投资对象的不同，基金可分为货币型基金、债券型基金、股票型基金、混合型基金、指数型基金等。

1. 货币型基金

货币型基金是以货币市场为投资对象的一种基金。其投资项目主要包括银行的短期存款、国库券、公司债券、银行承兑汇票及商业汇票等。通常,货币型基金的收益会随着市场利率的下跌而降低。我们所熟知的余额宝实际上是一款由天弘基金公司提供的货币基金。货币型基金的优点是流动性好、资本安全性高、风险性低、投资成本低。其通常不收取手续费,管理费也比较低,被认为是无风险或者是低风险的投资。在实际生活中,我们可以选取方便交易的平台进行购买,保证自己需要用钱的时候能随取随用。

2. 债券型基金

债券型基金是以债券为主要投资对象。由于债券的年利率固定,因而这类基金的风险较低,回报率也不高,适合不愿冒险的稳健型投资者。通常债券型基金收益会受货币市场利率的影响。当市场利率下调时,其收益就会上升;反之,若市场利率上调,则基金收益率会下降。

 **小思考**

请你自己动动手,查找一只债券基金。要求:成立时间 3 年以上;基金规模 5 亿元以上;收益率按 3 年以上根据收益排序;基金经理稳定,基金任期 1 年以上。

3. 股票型基金

股票型基金是指以股票为主要投资对象,股票持仓不低于 80%。股票型基金的投资目标侧重于追求资本利得和长期资本增值。股票型基金的收益与风险较高。按基金投资分散化程度,可将股票型基金分为一般普通股基金和专门化基金,前者是指将基金资产分散投资于各类普通股票上,后者是指将基金资产投资于某些特殊行业股票上,如白酒行业、医疗行业、消费品行业等。股票型基金的风险较大,但可能具有较好的潜在收益。

4. 混合型基金

混合型基金是指投资于股票、债券以及货币市场工具的基金,且不符合股票型基金和债券型基金的分类标准。根据股票、债券投资比例以及投资策略的不同,混合型基金又可以分为偏股型基金、偏债型基金、配置型基金等多种类型。混合型基金会同时使用激进和保守的投资策略,其回报和风险要低于股票型基金,高于债券和货币型基金。

5. 指数型基金

指数型基金是指以特定的指数为标的指数,并以该指数的成份股为投资对象,通过购买该指数的全部或部分成份股构建投资组合,以追踪标的指数表现的基金产品。"股神"巴菲特向普通投资者推荐的就是指数基金。巴菲特曾表示,通过定投指数型基金,一个什么都不懂的业余投资者,往往能够战胜大部分专业投资者。指数型基金的第一大优势在于"长生不老",其可以吸收新公司、替换老公司。其第二大优势在于长期上涨。只要相信国家能继续发展,指数型基金就能长期上涨。其第三大优势在于它的费用低廉,每一只基金都会收取基金管理费和托管费。指数型基金收取的每年 0.6%～0.8% 的费率,比普通基金 1.2%～2.0% 的费率要低。

指数型基金主要分为宽基指数和行业指数。A 股中宽基指数常见的有上证 50、沪深300、中证 500 和创业板指数。行业指数包括可选消费行业、必需消费行业、金融行业、医疗行业、公共事业等。

沪深 300 指数是由中证指数公司开发，从 A 股中挑选规模最大、流动性最好的 300 只股票组成的。从市值规模上看，沪深 300 指数占国内股市全部规模的 60％ 以上，很有代表性。多家基金公司都有沪深 300 指数的基金，可以根据基金的规模、年限和管理费率进行选择，如表 8-3 所示。

表 8-3　部分沪深 300 指数基金

基金简称	基金代码	管理费率	基金规模（亿元）	成立年限（年）	场内/场外
易方达 ETF 联接 A	110020	0.15％	48.58	9.8	场外
易方达沪深 300 发起式 ETF	510310	0.15％	49.54	6.2	场内
华夏沪深 300ETF 联接 A	000051	0.50％	119.39	9.9	场外
国寿安保沪深 300ETF 联接	000613	0.50％	5.23	5.0	场外
前海开源沪深 300 指数	000656	0.50％	0.13	4.9	场外
天弘沪深 300 指数 A	000961	0.50％	19.22	4.3	场外
广发沪深 300ETF 联热闹 C	002987	0.50％	6.57	2.9	场外
中金沪深 300A	003015	0.50％	0.18	2.8	场外
中金沪深 300C	003579	0.50％	0.02	2.5	场外
南方沪深 300ETF 联接 C	004342	0.50％	0.16	2.2	场外
平安 300ETF 联接 A	005639	0.50％	3.21	1.1	场外
平安 300ETF 联接 C	005640	0.50％	4.99	1.1	场外
华夏沪深 300ETF 联接 C	005658	0.50％	9.82	1.3	场外
国泰沪深 300 指数 C	005867	0.50％	0.10	1.1	场外
天弘沪深 300 指数 C	005918	0.50％	1.76	1.1	场外
华泰柏瑞沪深 300ETF 联接 C	006131	0.50％	3.21	0.9	场外
国泰沪深 300 指数 A	020011	0.50％	20.37	11.5	场外
嘉实沪深 300ETF	159919	0.50％	187.43	7.1	场内
南方沪深 300ETF	159925	0.50％	11.50	6.3	场内

中证 500 指数将沪深 300 指数的 300 家公司排除，再将最近一年日均总市值排名前300 名的企业排除。在剩下的公司中，选择日均总市值排名前 500 名的企业组成。从定位上看，中证 500 指数以中型上市公司为主。

必需消费行业又称主要消费行业，主要包括维持我们正常生活所需要的各种消费品产业，如农副食品、饮料和酒行业等。必需消费行业也是需求最稳定的行业，不管经济状况如何，这些日常消费都是我们不可或缺的。

知识储备 3：基金定投

基金定投是定期定额投资的简称，是指在固定时间里（如每月 10 号），用固定的金额（如 1 000 元）投资到指定的基金中，比较类似于银行的零存整取的方式。这种投资方式可以分散风险，比较适合长期的投资。定投可以强制储蓄，积累资产。定投不需要凭借主观想法判断股市涨跌，可以克服主观情绪的干扰。

对刚步入社会的同学来说，定投是非常好的投资方式。首先，上班后我们每个月都会有一定的工资收入，我们强制将这些收入储蓄一部分定期投入指数基金，获取更高的收益。其次，定投不需要每天盯盘，我们能用最少的时间，将资金交给最专业的机构和基金经理进行打理，所谓"专业的人做专业的事"。我们只需要设置好固定日期自动定投，每隔一段时间查看一下收益就可以了。同时，定投降低了投资的风险，在股市中因行情的波动涨跌幅较大，如果一次性买入，很可能遭遇较大的亏损，分批定投的方式可以降低买入风险。最后，定投特别适合对未来进行规划，可以将平时零散的钱"零存整取"，获取收益，如将定投的钱作为今后的买房首付、孩子未来的教育金或退休之后的养老费用。

陈同学毕业后，存了 10 万元想做投资。选中投资产品后，陈同学将 10 万元一次性投入，结果遇到股灾，等了 2 年后涨回 10 万元才刚刚回本。如果算上时间价值，陈同学的这笔投资是亏损的。

但若陈同学对这笔投资采取定投方式，每次定投 2 万元，分 5 次进行投资，如图 8-5 所示。同样遇到市场行情大跌的情况下，陈同学的收益如何呢？请你动手算一算吧。

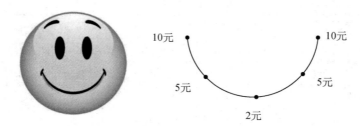

共计10万元，每次定投2万元，最终利润多少？

图 8-5　定投微笑曲线

计算解析：

第一次投入 2 万，共购买了 20 000÷10＝2 000 份额

第二次投入 2 万，共购买了 20 000÷5＝4 000 份额

第三次投入 2 万，共购买了 20 000÷2＝10 000 份额

第四次投入 2 万，共购买了 20 000÷5＝4 000 份额

第五次投入 2 万,共购买了 20 000÷10＝2 000 份额

五次共购买了 2 000＋4 000＋10 000＋4 000＋2 000＝22 000 份额

投资本息共计 22 000×10＝220 000(元)

因此,采取定投方式,陈同学投资收益为 220 000－100 000＝120 000(元)。

我们选取易方达沪深 300 发起式 ETF(510310)进行分析,如图 8-6 所示。从图 8-7 可以看出,在 2016 年和 2018 年,该基金都出现了较大回撤,分别是－9.14%和 －23.55%。假如我们在这两年里买入基金,将会出现较大的亏损。

图 8-6　易方达沪深 300ETF

	2020年度	2019年度	2018年度	2017年度	2016年度	2015年度	2014年度
阶段涨幅	30.56%	38.71%	-23.55%	23.77%	-9.14%	6.42%	54.38%
同类平均	31.69%	34.24%	-25.08%	11.28%	-11.39%	18.05%	39.57%
沪深300	27.21%	33.59%	-25.31%	21.78%	-11.28%	5.58%	51.66%
同类排名	509 | 971	265 | 745	237 | 586	111 | 504	191 | 445	182 | 272	56 | 234
四分位排名	一般	良好	良好	优秀	良好	一般	优秀

图 8-7　易方达沪深 300ET 历年涨跌情况

我们可以在东方财富网,通过【数据中心】【理财计算器】【基金定投收益计算器】计算,假设从亏损的 2016 年进行定投,每个月 1 号定投 1 000 元。到 2020 年年底的收益为 51.24%。仅仅是简单定投沪深 300 的指数基金,效果比市场上很多理财投资产品的收益都要好,如图 8-8 所示。

采取定投的方式,可以减少人的主观判断,因为很少有人能长期准确地判断出股市短期的涨跌。对大多数投资者来说,在一个固定的时间点进行投资,可以避免主观情绪的干扰,效果反而更好。但是也需要一定的心理承受能力,当发生账面亏损时,不急于"割肉"。

当然在定投中还有定期不定额、采用"越跌越买"的投资方式,即越跌,投入的资金越

图 8-8　基金定投收益计算器

多,获得的份额越多。例如,常见的有价值平均策略,即基于市值的定期不定额定投方式;估值定投策略,即基于估值的定期不定额的定投方式。

 知识储备 4:股票

　　股票是股份公司发行的所有权凭证,是股份公司为筹集资金而发行给各个股东作为持股凭证并借以取得股息和红利的一种有价证券。每股股票都代表股东对企业拥有一个基本单位的所有权,也就是说每只股票背后都有一家上市公司。

　　股票按上市地点分类可以分为 A 股、B 股、H 股等。A 股是我国境内公司发行,供境内机构、组织或个人以人民币认购和交易的普通股股票。H 股,即注册地在内地、上市地在中国香港的外资股。中国香港的英文是 Hong Kong,取其首字母,在中国香港上市的外资股就叫作 H 股。

　　股票投资的股票收益波动大,风险高。股票市场不保底,有可能获得高收益,也有可能遭受较大的亏损。因此,投资者要求具备专业性,即具备一定股票市场的专业知识,具备如何选好股票和把握买卖时机的专业技巧。股票投资适合风险偏好激进、风险承受能力强和具备较好心理素质的投资者。

|财商任务单——基金查询|

选取富国中证 500 指数增强基金(161017)进行分析：

(1) 列出该基金近 5 年每年的收益情况。

(2) 查询该基金最大回撤为多少。

(3) 在东方财富网,通过【数据中心】【理财计算器】【基金定投收益计算器】来计算,假设从 2016 年进行定投,每个月 1 号定投 1 000 元,到 2020 年年底的收益为多少?

|财商任务单——股票回本计算|

小王用 1 万元购买股票,遇到行情不好,小王的股票下跌了 30%。如果小王想继续持有股票直到回本,请计算小王的股票要上涨多少才能回本。

话题三：为什么说复利是世界第八大奇迹

 话题导言

印度的舍罕王打算重赏象棋的发明人宰相西萨·班·达依尔。宰相要的奖赏是在棋盘的第一个小格内放 1 粒麦子，第二个小格内放 2 粒，第三个小格内放 4 粒，每一小格内都比前一小格加一倍，一直摆满棋盘上所有六十四格的麦粒。

国王觉得区区赏金，微不足道。但实际情况是到第六十四格，即使拿来全印度的粮食也不足以兑现诺言。因为按照宰相的要求，需要约合 1 845 亿亿粒麦粒。这位宰相所要求的竟是全世界在两千年内所生产的全部小麦。这就是复利的惊人效果，开始时微不足道，只要时间足够长，利滚利后就能产生巨大的效应。请说说复利效应在生活中还有哪些体现。

复利的计算

 知识储备 1：货币时间价值

货币时间价值非常重要，它涉及几乎所有的理财活动，有人甚至将货币时间价值当作理财的"第一原则"。它反映的是由于时间因素的作用而使现在的一笔资金高于将来某个时期的同等数量的资金的差额或者资金随时间推延所具有的增值能力。资金在不同的时点上，它的价值是不同的。

例如，今天的 10 000 元和 1 年后的 10 000 元是不等值的。如果将这 10 000 元用于投资，年化收益率为 6% 的情况下，1 年后会得到 10 600 元。多出来的 600 元就是经过了 1 年的时间，10 000 元投资所增加的价值，即货币时间价值。显然今天的 10 000 元与 1 年后的 10 600 元相等。由于不同时间的资金价值不同，所以在进行价值大小对比时，必须将不同时间的资金折算为同一时间后才能进行大小的比较。所有这些其实反映了一个简单的道理，就是货币是具有时间价值的，今天的 1 元钱比明天的 1 元钱更值钱。

 知识储备 2：复利效应

复利效应是指资产收益率以复利计息时，经过若干期后资产规模（本利和）将超过以单利计息时的情况。事实上，复利计息条件下资产规模随期数成指数增长，而单利计息时资产规模呈线性增长，因此长期而言复利计息的总收益将大幅超过单利计息。我们用下述计算题来看看单利和复利的投资差异。

题目:一次投入本金 10 000 元,收益率为 8%,10 年的投资收益是多少?

单利计算方式:

10 年投资收益 =(10 000×8%)×10 = 8 000(元)

复利计算方式:

第一年收益:10 000×8%=800(元)

第二年收益:(10 000+800)×8%=864(元)

第三年收益:(10 000+800+864)×8%=933.12(元)

……

同学们可以看出,所谓的复利就是"利滚利"。上一年的利息成了下一年的本金。因此根据复利计算公式 $F = A \times (1+i)^n$ 可以得出,在复利计算方式下,10 年的投资收益约为 21 589 元,是单利收益的 2.7 倍。

 小贴士

巴菲特的"滚雪球"理论

关于财富的积累,巴菲特曾经说过一个非常形象的比喻,人生就像滚雪球,重要的是发现很湿的雪和很长的坡。其实巴菲特是在用滚雪球比喻通过复利的长期作用实现巨大财富的积累。雪很湿比喻年收益率很好,坡很长比喻复利增值的时间很长。

杰夫·贝佐斯曾经问巴菲特,你的投资体系这么简单,但你是全世界第二富有的人,为什么别人不向你学习呢?

巴菲特说,因为这个世界上没有人愿意慢慢地变富。

金融投资的本质是复利效应,复利效应的条件是期限足够长。

我们再用一个案例来说明复利效应的魔力。三名同学毕业后,各自开始了自己的生活。A 同学 22 岁大学毕业之后就开始每月定投 1 000 元;B 同学稍晚一些,27 岁开始进行定投,每个月也是定投 1 000 元;C 同学平时有多少花多少,一直没有积蓄,到了 32 岁才开始自己的第一笔定投,每个月定投 1 000 元。

假设他们 3 个人定投的都是年化收益率为 8% 的投资品种。一直定投到 60 岁退休时,A、B、C 三位同学各自能积累下多少财富呢? 具体如图 8-9 所示。

A 同学定投最早,最后能积累 310 万元左右。B 同学最后能积累 206 万元左右。C 同学投资起点最晚,只有 135 万元。三位同学投资的时间间隔 5 年,但是最后积累的财富相差甚多。A 同学积累的财富几乎比 C 同学的 2 倍还要多。

复利效应需要时间来验证,时间越长,差异越大。

 拓展阅读

诺贝尔奖金为什么永远发不完?

诺贝尔基金会成立于 1896 年,是由诺贝尔捐献 980 万美元建立的基金会。诺贝尔基金会成立初期,章程中明确规定这笔资金被限制只能投资在银行存款与公债上,不允许用

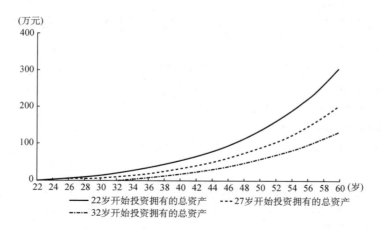

图 8-9　复利效应

于有风险的投资。

　　随着每年奖金的发放与基金会运作的开销,历经 50 多年后,诺贝尔基金的资产流失了近 2/3,到了 1953 年,该基金会的资产只剩下 300 多万美元。而且因为通货膨胀,300 万美元只相当于 1896 年的 30 万美元,原定的奖金数额显得越来越可怜,眼看着诺贝尔基金会要走向破产。

　　诺贝尔基金会的理事们于是求教麦肯锡,将仅有的 300 万美元银行存款转成资本,聘请专业人员投资股票和房地产。新的理财观一举扭转了整个诺贝尔基金会的命运,基金不但没有再减少过,而且到了 2005 年,基金总资产还增长到了 5.41 亿美元。从 1901 年至今的 111 年里,诺贝尔奖发放的奖金总额早已远远超过诺贝尔的遗产。

(资料来源:节选自《读天下》,2012 年第 22 期)

 小贴士

复 利 人 生

　　励志公式 $1.01^{365} = 37.8$ 和 $0.99^{365} = 0.03$。365 次方代表一年的 365 天,1 代表每一天的努力,1.01 表示每天多做 0.1,0.99 代表每天少做 0.1。看上去差别不大,但是 365 天后,一个增长到了 37.8,一个减少到 0.03! 因此,有网友解读为:每天进步一点点,穷酸一年变富帅;每天退步一点点,富美一年变挫矮。

　　复利效应不只是金融规律,它也在左右你的生活。

　　在学习方面,掌握了好的学习方法,不断阅读、向高手学习、勇于实践、反省总结,假以时日,就会产生复利效应。

　　健康方面也是如此,好的心态,好的饮食习惯和作息习惯,适当的运动习惯等,坚持下去,也会产生复利效应。

　　人与人之间的差距也会因为复利效应而逐渐地拉开,有一天突然发现,人和人的距离是那么遥远。其实,这完全符合复利曲线。

知识储备 3：利用 App 计算复利

在前面的内容中，我们已经详细介绍了复利和复利效应。在学习过程中，同学们使用专业的金融计算器可能会觉得有些难度。在日常投资中，为了更快、更便捷地计算收益情况，我们可以使用 App 或网页版的在线复利计算器。我们以金考易计算器 App 为例，为大家讲解如何快速进行计算。

第一步，手机上下载金考易 App，点击进入"货币时间价值"，如图 8-10 所示。

图 8-10　金考易计算器 App

第二步，认识函数代表的含义：n 为期限（年或月）；I/Y 为利率（收益率）；PV（Present Value）为现值；PMT（Payment per period）为每期支付额（这个"期"可以是年或月）；FV（Future Value）为未来值或终值。

第三步，根据计算需要填入数字进行计算。

案例分析

张同学现有 3 万元，计划投资年化收益率为 7% 的理财产品，投资期为 3 年。请计算 3 年后的本息是多少。

如图 8-11 所示，依次填入 $n=3$，$i/Y=7\%$，$PV=-30\,000$，在 FV 处点击"＝"，可计算出 3 年后的本息为 36 751.29 元。$PV=-30\,000$ 中的负号，体现了现金的流出，即意

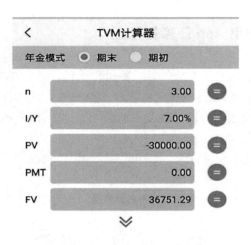

图 8-11　货币时间价值计算器

味着这笔钱用作投资后,将暂时不能使用,因此在计算时前面加上负号。

|财商任务单——投资计算|

1. 陈同学现在每个月能固定存 800 元作为定期投资的资金,投资的年化收益率为 8%,求 3 年以后陈同学投资的本息是多少。

提示:现在的投资是按月定投的,因此投资的期限和利率都要换算成月来进行计算。在计算器的框内依次填入 $n=3\times12$,$I/Y=8\%\div12$,$PMT=-800$,在 FV 处点击"=",可计算出 3 年后的本息为 32 428.45 元。

2. 李同学希望 5 年后能有 10 万元,他现在进行投资,年化收益率可以达到 15%,李同学现在每个月要定投多少钱,才可以达到这一目标。

提示:在计算器的框内依次填入 $n=5\times12$,$I/Y=10\%\div12$,$FV=100\ 000$,在 PMT 处点击"=",可计算出当前每个月投入的资金为 1 291.37 元。

话题四：买彩票是不是致富的好方法

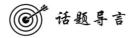

话题导言

　　小吴每次发了工资总想着先去买点彩票。小吴觉得彩票只需要花几元钱，但是奖金高达上百万元，投资收益是几十万倍甚至几百万倍。世界上还有比这更好的投资吗？每次想着自己中奖之后挥金如土的画面，小吴就不能自己，觉得中奖离自己特别近。请问彩票真的是一本万利的好投资吗？如果你是小吴的好友，你要怎么跟小吴说呢？

知识储备1：彩票种类

　　我国的彩票种类主要分为乐透型、竞猜型和即开型。
　　乐透型彩票由顾客自选号码，通常是在一组数字（15个到100个号码）中，选出若干个号码（多为6个，故有时也称"六合彩"），依选中号码的多少分级定奖。乐透型彩票的奖金高低取决于投注额的多少，投注额越多，奖金越高。乐透型彩票一般规定在一等奖不中的情况下，其奖金移到下期一等奖中，直到中出为止，这就使一等奖奖金如滚雪球一样累积，几期不出一等奖，非但没减少人们的兴趣，反而会吸引更多的投注。
　　竞猜型彩票是彩票的一种类型，是指针对某项即将发生的事件，由购买彩票者竞猜事件的结果，猜中即按照事先公开的赔率获得彩金，如体育彩票。
　　即开型彩票，即买到彩票后揭开兑奖区，马上就可以知道是否中奖，即开即兑。即开型彩票设奖灵活，可根据不同地区的需要，设计适应当地经济条件的奖组、奖级和奖金额。

知识储备2：乐透型彩票的中奖概率

　　在我国销量最好，奖金最高的是双色球这样的乐透型彩票。
　　以双色球为例，购买者需要在红色选区33个球中选6个，在蓝色选区16个球中选1个。也就是说红球组合数 $C(33,6)$，蓝球组合数 $C(16,1)$。
　　双色球所有组合数＝$C(33,6)C(16,1)=17\ 721\ 088$

　　获得一等奖的概率为：$P_1 = \dfrac{1}{17\ 721\ 088}$

　　获得二等奖的概率为：$P_2 = \dfrac{15}{17\ 721\ 088}$

　　获得三等奖的概率为：$P_3 = \dfrac{162}{17\ 721\ 088}$

$$获得四等奖的概率为：P_4 = \frac{7\ 695}{17\ 721\ 088}$$

$$获得五等奖的概率为：P_5 = \frac{137\ 475}{17\ 721\ 088}$$

任何一种数字型彩票开奖号码都是完全随机的,这样可以很好地保证开奖的公平性,这也是让彩民放心购买的重要保障。

沉迷于购买彩票,六年挪用公款 1 500 余万元

近期,长沙市芙蓉区法院公开开庭审理了湖南省农业科学院生产管理处财务科原出纳倪某涉嫌挪用公款一案,并当庭宣判,以挪用公款罪判处倪某有期徒刑 10 年 6 个月,责令其退赔所挪用的公款 1 200 万余元,返还给湖南省农业科学院生产管理处。

被告人倪某自 2008 年 10 月起,担任该处财务科出纳,负责该处财务方面所有收、付款工作。2012 年 1 月至 2018 年 2 月,被告人倪某利用职务之便,总计挪用单位公款 1 500 余万元,大部分用于购买彩票。购买彩票期间倪某偶有中奖,陆续归还 290 万余元到单位账户。2018 年年初因单位账上资金短缺,倪某担心事情败露,逃往岳阳,在逃途中用身上仅有的 1 万多元,仍然去购买彩票,孤注一掷,最终中彩梦想破灭,落入法网。

（资料来源:政法报道,2018 年 5 月 18 日）

 知识储备 3:彩票购买心理

为什么彩票中奖的概率这么低,还是有人不断地购买彩票呢? 因为,尽管中奖概率极小,但是一旦中奖就是百万富翁,投入的不过也就几万元,为什么不搏一下呢? 诺贝尔经济学家卡尼曼就把这种买彩票盛行的现象解释为"可能性效应",即如果不买彩票,发大财的可能性就是 0。但是买了彩票之后就有了一种可能性,尽管这种可能非常微小,但它是有可能的。卡尼曼称这种过于高估概率极低的结果发生现象为"可能性效应"。人们过于重视结果,而忽视了结果发生的概率大小,从而导致了更高的损失。

心理学的研究表明大脑在思考一个事件的时候,顺畅性、生动性以及想象的轻松程度等因素会影响其在决策中的重要程度。如果特等奖的奖金非常巨大,人们就会疯狂买彩票,而不去关心他们赢得头奖的概率微乎其微的事实。购买彩票不仅获得的是一个赢得大奖的机会,更重要的是得到了梦想自己赢得大奖的权利。

相对于中巨奖的"美好结果",还有很多概率更高的美好结果等着我们去珍惜。

 知识储备 4:理性看待彩票,认真面对生活

在中国,彩票是一种取之于民、用之于民的公益手段。其设立的目的不是制造富翁,

而是筹集公益金。

根据中国福利彩票"双色球"游戏规则第十四条规定：双色球按当期销售额的51%、13%和36%分别计提彩票奖金、彩票发行费和彩票公益金。彩票奖金分别为当期奖金和调节基金。其中，49%为当期奖金，2%为调节基金。

在民政部2018年度彩票公益金使用情况公告中看到，民政部2018年度彩票公益金预算额度为298 700万元，专项用于民政社会福利及相关公益事业。民政部遵循"扶老、助残、救孤、济困"的福彩公益金使用宗旨和彩票公益金使用有关规定，重点支持社会养老服务体系建设项目；优先支持社会福利设施建设以及残疾人、孤儿、经济困难人群等特殊困难群体受益的项目；适当支持符合规定的其他社会公益项目；补助地方资金着重向贫困地区倾斜。老年人福利类项目为148 368万元；残疾人福利类项目为55 890万元；儿童福利类项目为55 890万元；社会公益类项目为29 600万元。

因此，我们不要将全部希望寄托在一张小小的彩票之上，还是应该回归现实，认真面对生活，用自己的努力奋斗换一个属于自己的美好明天。

|财商任务单——分析中奖心理|

在微博热门话题上，"盲盒为什么让年轻人上瘾"此话题的阅读量达到4.6亿次，有1.3万微博用户参与讨论。有人说，盲盒集中体现了人类的收藏欲和赌博心不仅不会缺席迟到，还会愈演愈烈。

2020年12月11日，在港交所上市的泡泡玛特市值突破了1 000亿元。据媒体报道，在最近的一年里，有20万人为了购买盲盒，平均每人花费2万元，这些人年龄集中在15～35岁之间。就在泡泡玛特创始人王宁夫妇卖盲盒身家近百亿时，还有不少年轻人正在负债买盲盒。

请同学们根据所学知识分析妄图以小博大、获得收益的方式是否靠谱。生活里还有哪些相似的案例？请和身边同学一起分析讨论。

主题九　创业中的财务常识

学习导航

知识目标：

1. 熟悉企业创办需要的手续
2. 了解企业设立、运营的流程
3. 认知经营中的资金投入与使用
4. 认知经营中的收入、成本与利润

能力目标：

1. 能进行成本、利润的计算
2. 能进行项目基础的盈亏分析

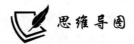

思维导图

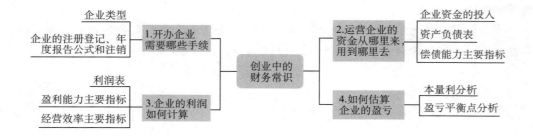

话题一：开办企业需要哪些手续

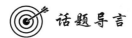 **话题导言**

　　餐饮管理专业毕业的小陈,对餐饮业有着浓厚的兴趣。他毕业回到家乡,准备开家奶茶店。小陈说干就干,租店面、买设备、买材料,小店就这样经营起来,生意还很红火。但是还没几天,当地市场监督管理局的就找上门来,说小陈属于无证经营,是不合法的,限期整改,不然就要根据规定进行处罚。小陈傻眼了,他以为只有开办正式的公司才需要办理营业执照,没想到小店经营也需要办证。同学们,你们知道的企业形式有哪些? 开办企业还需要办理哪些手续呢?

 知识储备 1：企业类型

　　企业的类型包括个人独资企业、合伙企业、公司制企业等。下面就让我们来认识一下不同的企业类型。

　　1. 个人独资企业

　　个人独资企业是在中国境内设立,由 1 个自然人投资,财产为投资人个人所有,投资人以其个人财产对企业债务承担无限责任的经营实体。

　　个人独资企业有以下几个特点:个人独资企业由 1 个自然人投资;其财产为投资者个人所有;投资人以其个人财产对企业债务承担无限责任。个人独资企业类似个体工商户,但设立程序和法定要件相对于个体工商户要严格、复杂一些。

 案例分析

　　投资人小崔于 2021 年 2 月投资设立 A 个人独资企业,5 月 1 日 A 企业与 B 银行签订了 10 万元的借款合同。银行贷款到期后,如果 A 公司的全部财产仍不足以偿还贷款,小崔就要以其个人的其他财产对企业债务承担无限责任。因为个人独资企业无独立承担民事责任的能力。

　　2. 合伙企业

　　合伙是指两个以上的人为共同的目的,相互约定共同出资、共同经营、共享收益、共担风险的自愿联合。合伙企业是指自然人、法人和其他组织依法在中国境内设立的组织体,根据合伙人承担的责任不同分为普通合伙企业和有限合伙企业两种类型。两者的具体区别如表 9-1 所示。

表 9-1　普通合伙企业与有限合伙企业的区别

类型	普通合伙企业	有限合伙企业
经营管理	合伙人一般均可参与合伙企业的经营管理	有限合伙人不执行合伙事务,而由普通合伙人从事具体的经营管理
风险承担	合伙人之间对合伙债务承担无限连带责任	有限合伙人以其各自的出资额为限承担有限责任,普通合伙人之间承担无限连带责任

如果想成立一家合伙企业,根据《中华人民共和国合伙企业法》的规定,需要同时满足以下条件,缺一不可,即有两个以上合伙人,并且都是依法承担无限责任者;有书面合伙协议;有各合伙人实际缴付的出资;有合伙企业的名称;有经营场所和从事合伙经营的必要条件。

3. 公司制企业

1) 有限责任公司

有限责任公司是指在中国境内设立的,股东以其认缴的出资额为限对公司承担责任,公司以及全部资产为限对公司的债务承担责任的企业法人。

2) 股份有限公司

股份有限公司,简称股份公司,是指全部资本分成等额股份,股东以其认购的股份对公司债务承担有限责任的企业法人,是现代公司的典型形态。

有限责任公司与股份有限公司的主要区别如表 9-2 所示。

表 9-2　有限责任公司与股份有限公司的主要区别

类型	有限责任公司	股份有限公司
设立方式不同	只能以发起方式设立	可以发起设立,也可以募集设立
股东人数上下限规定不同	50 人以下的上限,并允许设立一人有限责任公司和国有独资公司	2 人以上,200 人以下,并且有半数以上发起人在中国境内有住所
出资证明形式不同	必须采取记名方式的出资证明书,通常为纸质形式	纸面形式或无纸化形式的股票,可以采取记名方式,也可以采取无记名方式
股权转让方式不同	股东之间可以自由转让其全部或部分股权,股东向股东之外的人转让股权应当经过其他股东过半数同意,经股东同意转让的股权,在同等条件下,其他股东有优先购买权	股票以自由转让为原则,以法律限制为例外。股东向股东以外的人转让股票时,其他股东无优先购买权股票,可以依法在证券交易所上市交易
注册资本最低限额,不同体现方式不同	最低限额为人民币 3 万元,一人有限公司 10 万元,注册资本不划分为等额股份,股东一般依其投资比例行使权利	最低限额为 500 万元人民币注册资本划分为等额股份,股东一般依其所持股份数额行使权利
组织机构有所不同	股东会董事会,监事会并非必设机构	股东大会,董事会,监事会为必设机构

（续表）

类型	有限责任公司	股份有限公司
企业所有权与经营权分离程度不同	所有权与经营权分离程度较低,其股东多通过出任经营职务直接参与公司的经营管理,决定公司事务	所有权与经营权分离程度较高,法律对其规定较多的强制性义务
信息披露义务不同	无限制	财务状况和经营情况等要依法进行公开披露

4. 个体工商户

个体工商户是指公民在法律允许的范围内,依法经核准登记,从事工商业经营的家庭或个人。个体工商户的债务,在个人经营的情况下,以个人财产承担;在家庭经营的情况下,以家庭财产承担;无法区分的,以家庭财产承担。

开办个体工商户的特点有:从业人数不得超过 8 人;可以无固定门面经营;不可以设立分支机构;变更投资人必须是家庭成员。

个体工商户虽然不属于公司的形式之一,但在经济社会中,个体工商户也起到了不可或缺的作用。虽然个体工商户开办的形式灵活,但是也要按规定办理相关手续,依法执照经营。

 知识储备 2:企业的注册登记、年度报告公示和注销

1. 企业的注册登记

国家为了建立和维护市场经济秩序,设置了市场监督管理部门,运用行政和法律手段,对市场经营主体及其市场行为进行监督管理。市场监督管理部门主管工商企业和从事生产经营活动的事业单位和科技经营团体的登记注册,负责各种公司的审批和核准登记发照。

创业要依法办理相关手续,取得相关证照,无证经营是不受法律保护的,同时也是法律所不允许的。创业经营成立企业先要在当地市场监督管理部门进行注册登记。

2016 年 10 月 1 日,政府为了方便民众,推行简政放权,提高设立企业的便利化程度,正式实施"五证合一、一照一码"。所谓"五证"是指工商营业执照、税务登记证、组织机构代码证、社会保险登记证和统计登记证。在申请企业注册登记上简化手续,提供一站式服务,通过当地政府的政务服务网就可以完成企业的注册登记。具体流程如下:

首先,登录经营场所所在地的政务服务网(如贵州政务服务网),并以办理人员的名义注册后登录。

其次,进入【工商电子化】【业务办理】【办理营业执照】,选择主体组织形式后进行【自主核名登记】,按要求步骤真实填写相关信息及上传材料,核实无误后提交预审。

最后,预审通过后,相关人员在网上签名后提交,工商局审核通过后就可以领营业执照;如预审不通过,会被驳回修改(根据要求修改),修改正确后提交重新审核。

小贴士

2. 企业信用信息年度报告公示

企业运营期间需要进行企业信用信息年度报告公示，企业有义务按年度通过企业信用信息公示系统，公示股东、发起人缴纳出资（情况）、资产状况、对外担保情况和社保缴纳情况等信用信息。年度报告采取网上报送和网上公示，具体流程如下：

第一，进入官方的国家企业信用信息公示系统，并选择营业执照登记机关所在地。

第二，选择登录方式进入该企业信用信息公示系统。有工商联络员登录与电子营业执照登录两种方式。工商联络员是在注册登记企业时填写的联络员信息。

第三，进入年度报告填写。主要涉及的内容有一系列的许可证信息、企业基本信息、网站或网店信息、对外投资信息、资产状况信息、对外担保信息、党建信息和社保信息。根据企业所涉及的内容据实正确填写并保存。

第四，检查企业公示信息填报正确无误后，提交并进行公示。

在进行企业信用信息年度报告公示工作时，应注意以下事项：

（1）企业年度报告必须在每年的 6 月 30 日前完成提交公示，若未在期限内提交公示，企业将被有关部门视为异常企业。

（2）若公示后发现信息有错误的可以修改后重新公示，但必须在 6 月 30 日前进行修改，超过期限，系统将关闭报告功能，将不能再进行修改。

（3）企业年度报告数据要如实填写，对于部分信息属于企业机密的，可以选择公示或者不公示，根据企业情况进行选择。

（4）企业公示的内容，任何人在全国企业信用信息系统里都可以看到；选择不公示的内容，只有相关部门和该企业登录系统才能看到。

3. 企业注销登记

企业因各种原因不能持续运营，在清算后需要进行注销登记。具体的注销程序如下：

第一，进行税务注销。在注销营业执照之前，企业需到所管辖的税务机关办理税务注销手续，税务注销后，税务机关将会出具给企业一个清税证明。

第二，进行注销备案。将清税证明和营业执照带到营业执照登记部门去进行企业注销备案登记。

第三，进行注销公告。备案登记后，进入国家企业信用信息公示系统进入注销公告填报，填报方式有简易注销填报与普通注销填报可选。选择简易注销填报方式只需上传全体投资人承诺书。选择普通注销填报方式，需填写注销原因、债权申报联系人及联系电话和地址等信息。

第四，进行企业注销。公示之日起，若企业没有债权债务纠纷的，45 天后，带着注销公告和营业执照到原登记部门进行企业注销。

思政 点睛

中共中央政治局常委、国务院总理李克强在杭州出席 2019 年全国大众创业万众创新活动周发表重要讲话。讲话指出，虽然当前面临复杂严峻的国内外形势，但中国经济有韧性，韧性植根于近 14 亿人的勤劳与创造，"双创"是个重要支撑，依靠更大激发市场主体活力和社会创造力，可以顶住经济下行压力，保持中国经济长期向好的基本面。

|财商任务单——开办企业的初步思考|

小陈同学毕业后，想自己开一家服装店，请简要跟小陈同学说说开办服装店要考虑的问题和需要办理的手续吧，并填写表 9-3。

表 9-3　开办企业相关内容

开办企业应具备的优势	
公司类型包括	
注册公司的手续	
无证经营的后果	

话题二：运营企业的资金从哪里来，用到哪里去

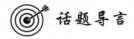

话题导言

小陈在奶茶店开店前，经过了调研和测算，开店租店面、加盟费、设备和原料等初期投入资金需要 20 万元。小陈只有存款 5 万元，于是他找到了两个合伙人。一个是会计专业毕业的小赵，准备出资 3 万元；另一个是小陈的老师，准备投资 2 万元。之后小陈以合伙企业的名义向亲戚朋友借了 5 万元，又向银行申请了经营贷款 5 万元，筹集够了初期投资20 万元。同学们，请问小陈从各渠道筹集的钱，性质是一样的吗？想一想哪些钱企业是要还的，哪些是不用还的。

 知识储备 1：企业资金的投入

资金的投入是指资金的取得，是企业开办的起点。企业成立并进行正常的生产经营，需要一定数额的资金。大学生创业的资金主要来源渠道有：个人积蓄、父母或亲友投资或借贷、风险投资、创业基金、微企申报补贴、银行贷款、信用卡透支等。总体分为两个部分：一是源于投资者投入的股权融资，二是源于向债权人借入的债权融资。

投资者投入的资金，形成了企业的所有者权益，这类资金可以长期周转使用，没有明确的偿还期限，也无需支付利息。会计上称之为"实收资本"或"股本"。在话题导言中，我们看到小陈自己投入的 5 万元、小赵投资的 3 万元和老师投资的 2 万元，都属于投资者投入的资金。同时小陈还必须考虑股权配置结构，如果按出资比例来看，小陈占 50% 的股权，小赵占 30%，老师占 20%。

向债权人借入的资金，如向银行及其他金融机构申请的贷款、向个人或其他机构的借款等，形成了企业的负债。这类资金有明确的使用期限，需支付利息，到期需还本付息。会计专业语言把它称为借款，并根据借款期限长短分为"短期借款"与"长期借款"，一年内需归还的称为"短期借款"，超过一年以上归还的称为"长期借款"。在话题导言中，小陈向亲戚朋友借的 5 万元和向银行贷款的 5 万元，都属于负债。

创业者要对每一项资金来源通过成本与收益、风险、灵活性、控制性和可获得性几个方面进行评估，从而作出最佳的融资决策。负债融资与股权融资的区别具体如表 9-4 所示。

表 9-4　负债融资与股权融资的区别

比较项目	股权融资	债权融资
本金	永久性资本	到期归还本金
资金成本	根据企业经营情况变动,相对较高	事先约定固定金额利息,较低
风险承担	高风险	低风险
企业控制权	按出资比例或约定享有,分散企业控制权	无,企业控制权得到维护
资金作用限制	限制较少	限制多
两者享受的权力	没有参与经营的权利,也没有参与企业收益分配的权利	有参与企业管理的权利,也具有参与收益分配的权利

　　创业者在筹集资金时一定要对债权融资和股权融资的优缺点进行比较,根据企业的实际需要和承受风险能力选择融的方式。如果大学生创业者拥有专业技术的,也可以考虑知识产权融资。2018 年最新《中华人民共和国公司法》(以下简称《公司法》)第二十七条规定:"股东可以用货币出资,也可以用实物、知识产权、土地使用权等可以用货币估价并可以依法转让的非货币财产作价出资。"允许知识产权入股,明确了专利技术作为生产要素的原则。

案例分析

抽逃出资行为

　　小陈合伙开办的奶茶店已经开始运营,小陈家里突然有事,急需 2 万元,小陈心想,我投资的 5 万元是我的钱,取出 2 万元急用没什么问题。小陈来跟小赵商量取钱,会计专业毕业的小赵听了连忙跟小陈说:"这可不行。你已经出资认缴的钱,就不再属于你了,而是公司的钱。你这样把钱取走就成为抽逃出资了。"小陈听了吓得一身冷汗,怎么差点就要触犯法律了。

 知识拓展

　　抽逃出资行为的实质是侵犯公司财产,公司成立后,股东出资便转化为公司财产,股东亦失去了对出资的所有权。公司财产遭受侵害,公司债权人利益因此也会受到损害,抽逃出资的股东应在其抽逃出资范围内对公司债务承担清偿责任。

　　最高人民法院关于适用《中华人民共和国公司法》若干问题的规定:

　　第十二条　公司成立后,公司、股东或者公司债权人以相关股东的行为符合下列情形之一且损害公司权益为由,请求认定该股东抽逃出资的,人民法院应予支持:

　　(一)制作虚假财务会计报表虚增利润进行分配;

　　(二)通过虚构债权债务关系将其出资转出;

　　(三)利用关联交易将出资转出;

　　(四)其他未经法定程序将出资抽回的行为。

知识储备 2:资产负债表

小陈与朋友合伙的花颜奶茶店终于开业了,小陈想知道奶茶店现在还有多少可用资金。小赵告诉小陈目前我们只剩 3.3 万元了,其中现金为 0.5 万元,银行账户上还有 2.8 万元。小陈很想知道钱都用到哪里去了。

小赵拿来了资产负债表的简表一项项跟小陈说明。门面装修支付了 3.6 万元,加盟费支付了 7.2 万元,购置了操作台及桌椅沙发共花费 2.4 万元,采购所需的设备花费 3 万元,购买了红茶、绿茶、奶茶精、牛奶等原料以及采购吸管和纸杯共 5 000 元。

我们具体来看看资产负债表上面都是些什么含义,如表 9-5 所示。

表 9-5 资产负债表(简表)

单位:花颜奶茶店　　　　　　　日期:2021 年 3 月 31 日　　　　　　　单位:元

资　产	期末余额	年初余额	负债和所有者权益	期末余额	年初余额
货币资金	33 000	200 000	短期借款	20 000	20 000
应收账款			应付账款		
预付账款			预收账款		
应收利息			应付职工薪酬		
其他应收款			应交税费		
存货	5 000		应付利息		
一年内到期的非流动资产			其他应付款	50 000	50 000
其他流动资产			一年内到期的非流动负债		
流动资产合计		200 000	其他流动负债		
长期应收款			流动负债合计	70 000	70 000
投资性房地产			长期借款	30 000	30 000
固定资产	54 000		其他非流动负债		
无形资产	72 000		负债合计	100 000	100 000
长期待摊费用	36 000		实收资本	100 000	100 000
其他非流动资产			未分配利润		
资产总计			所有者权益合计	100 000	100 000
	200 000	200 000	负债和所有者权益总计	200 000	200 000

资产负债表又称为财务状况表,是指企业在某一特定日期(如各会计期末)的财务状况的主要会计报表。这些财务状况主要包括资产、负债和所有者权益。在制作报表时,应根据会计平衡的原则将其分为"资产"和"负债及股东权益",以特定日期的企业静态情况

填制报表信息。

我们先从资产来看,企业的资产根据其变现速度的快慢分为流动资产和非流动资产。所谓流动资产,是指企业在1年或者超过1年的一个营业周期内可以变现或者运用的资产,主要包括货币资金、应收账款、存货等,具体如表9-6所示。

表9-6 流动资产主要科目内容

序号	科目	含义	提示
1	货币资金	企业生产经营活动中处于货币形态的资金,是企业资产中流动性最强的资产,主要包括库存现金、银行存款	小赵跟小陈汇报的企业银行账户2.8万元,以及手上的0.5万元的现金就是货币资金
2	应收账款	主要是赊销形成的,因销售商品、提供劳务而产生的应收款	应收账款结余越多,意味着发生坏账损失的风险越大。而且未收回来的资金被无偿占用,在企业资金总量一定的情况下,应收账款越多,资金的使用效率就越差
3	存货	在正常的生产经营活动中持有以备出售的产品或商品,处在生产过程中的在产品等。包括原材料、在产品、半成品、产成品、包装物等	奶茶店里购买的奶精、珍珠粉、一次性塑料杯等都属于存货。企业的经营者要从生产经营的需要出发,确定合理的存货。以小陈的花颜奶茶店为例,餐饮业的存货如果长时间不能销售出去,还有变质腐坏的风险

非流动资产是指不能在1年内或者超过1年的一个营业周期内耗用或变现的资产,主要包括固定资产、无形资产等,具体如表9-7所示。

表9-7 非流动资产主要科目内容

序号	科目	含义	提示
1	固定资产	企业使用周期超过一年的实物资产,包括房屋及建筑物、机器设备、运输工具等	花颜奶茶店里购置的操作台、桌椅以及奶茶制作的设备都属于固定资产。要在使用年限内进行折旧
2	无形资产	企业拥有的或控制的没有实物形态的资产,如专利权、商标权、特许经营权等	企业支付的7.2万元加盟费就属于无形资产。因合同中约定,加盟费只能使用3年,因此,这项无形资产每个月还要进行摊销0.2万元

负债按其流动性分为流动负债和非流动负债。

流动负债包括短期借款、应付账款、预收账款、应交税费、应付职工薪酬等,具体如表9-8所示。

表9-8 流动负债主要科目内容

序号	科目	含义	提示
1	短期借款	企业为了弥补日常生产经营所需的流动资金的不足,向金融机构等借入的期限在1年以下的各种借款	企业的启动资金中向银行借了5万元,其中2万元的还款期是一年,属于一年以内的短期借款

（续表）

序号	科目	含义	提示
2	应付账款	企业进行赊购交易而发生的债务	应付账款的发生是正常的,但如果超过信用期的应付账款的数额太大且时间太长,就表明企业的信用观念较差
3	预收账款	企业在实际销售商品或提供劳务之前,按协议预先收取的货款	体现的是一种商业信用和资金的无偿占用
4	应交税费	企业由于生产经营活动需要向国家交纳的各种税金和费用,在上交之前暂时停留在企业的款项	
5	应付职工薪酬	企业为了获取职工提供的服务而给予职工的各种形式的报酬以及其他相关支出	包括工资、福利、五险一金等
6	其他应付款	应付、暂收其他单位或个人的款项	如以企业名义向亲戚朋友借的 5 万元就属于企业的其他应付款

　　非流动负债又称为长期负债,是指偿还期在 1 年以上的债务。非流动负债的主要项目有长期借款、长期应付款等。长期借款是指从银行或其他金融机构借入的,偿还期在 1 年以上的债务。小陈的启动资金中向银行借的 5 万元,其中 3 万元的还款期为 2 年,就属于长期借款。

　　所有者权益指企业投资者对企业净资产的所有权,包括企业投资者投入的资本,以及在企业经营活动中形成的资本公积金、盈余公积金和未分配利润。它是企业资产取得的来源,具体如表 9-9 所示。

表 9-9　所有者权益主要科目内容

序号	科目	含义	提示
1	实收资本	企业实际收到的,由投资人按照企业章程和合同、协议的约定投入企业形成法定资产的资本金	实收资本的变动会影响企业原有投资者对企业的所有权和控制权。小陈投入的 5 万元,小赵投入的 3 万元,老师投入的 2 万元,合计 10 万元属于实收资本
2	未分配利润	企业留待以后分配的结存利润	未分配利润越多,说明企业当年和以后年度的积累能力和应付风险的能力就越强

　　我们可以看到企业通过股权和债券共筹得资金 20 万元,用于门面装修,购买机器设备、原材料,支付加盟费等,形成了各类资产。这些资产在未来的生产经营中不断消耗,同时企业投入人力成本,生产出产品。企业通过销售产品获得收入,其资金又回到最初的货币资金状态。因此企业的经营过程就是个从"钱"到"钱"的过程。在资金循环的过程中,资产负债表"资产"与"负债及所有者权益"一直保持相等,即:资产＝负债＋所有者权益。

知识储备 3：偿债能力主要指标

所谓偿债能力，是指企业用其资产偿还长期债务与短期债务的能力。所以，企业的偿债能力是企业偿还到期债务的承受能力或保证程度，包括偿还短期债务和长期债务的能力。通常情况下，企业有无支付现金与偿还债务的能力，是企业能否健康生存和发展的关键。因此，企业偿债能力是反映企业财务状况和经营能力的重要标志。

短期偿债能力是企业以流动资产对流动负债能够及时足额偿还的保证程度，反映出企业偿付日常到期债务的能力。因此，企业的短期偿债能力是衡量企业当前财务能力，尤其是衡量流动资产变现能力的重要指标，主要涉及的关键指标如表 9-10 所示。

表 9-10　短期偿债能力主要指标

指标	概念	公式	提示
流动比率	衡量流动资产在短期债务到期前，变为现金用于偿还流动负债的能力	$\dfrac{流动资产}{流动负债}$	一般来说，流动比率在 2：1，即流动资产是流动负债的两倍，较为合适。当然，流动比率也不宜过高，否则，可能意味着企业有大量资金闲置，不利于资金的充分利用
现金比率	衡量公司资产的流动性	$\dfrac{货币资金}{流动负债}$	通常情况下，现金比率只要不小于 1，那么就可以完全偿还到期的短期债务

长期偿债能力是指企业对债务的承担能力和对偿还债务的保障能力。长期偿债能力是反映企业财务安全和稳定程度的重要标志。主要涉及的关键指标如表 9-11 所示。

表 9-11　长期偿债能力主要指标

指标	概念	公式	提示
资产负债率	衡量总资产中多大比例是通过借债筹资的	$\dfrac{负债总额}{资产总额}\times100\%$	一般情况下，我们认为资产负债率在 40%～60% 比较合适
股东权益比率	衡量企业资产中有多少是所有者投入的	$\dfrac{所有者权益总额}{资产总额}\times100\%$	股东权益比率与资产负债率是此消彼长的关系，一般情况下，股东权益比率也是在 40%～60% 比较合适

话题三：企业的利润如何计算

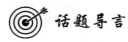

话题导言

企业的利润
如何计算

花颜奶茶店经营了一段时间，店面每天人来人往，销量还不错。小陈觉得应该赚到了不少钱。小陈来问小赵奶茶店赚了多少钱，小赵说："我们奶茶的毛利率高达近90%，以10元一杯的奶茶为例，我们可以赚9元左右。可是整体算下来，我们店这段时间是亏损的。共计亏损了250元。"小陈傻眼了，辛辛苦苦经营，生意还算红火，怎么会亏钱？

花颜奶茶店当月的销售统计表如表9-12所示，成本费用统计表如表9-13所示、利润表如表9-14所示。

表9-12　花颜奶茶店4月份销售统计

品名	单价（元）	数量（杯）	销售收入（元）
珍珠奶茶	8	1 200	9 600
啵啵奶茶	10	1 800	18 000
合计		3 000	27 600

表9-13　花颜奶茶店4月份的成本费用统计

序号	费用项目	金额（元）
1	店面租金	12 000
2	原料成本	3 000
3	水电及杂费	1 350
4	员工工资	7 200
5	店面装修费摊销	1 000
6	固定资产折旧	1 500
7	广告费	1 800
	合计	27 850

表9-14　利润表（简表）

单位：花颜奶茶店　　　　　　　　日期：2021年4月　　　　　　　　单位：元

项目	本期金额	累计金额
营业收入	27 600	
减：营业成本	3 000	
税金及附加		

（续表）

项目	本期金额	累计金额
销售费用	9 000	
管理费用	15 850	
财务费用		
……		
营业利润	−250	
加:营业外收入		
减:营业外支出		
利润总额	−250	
减:所得税费用		
净利润	−250	

小赵解释说:"奶茶的毛利确实很高,能达到90%,但我们每个月的固定费用太高了,房租12 000元,员工固定工资7 200元,还有加盟费用的摊销1 000元,以及水电杂费及设备折旧费等,七七八八加起来就有24 850元。这样一来,我们这个月还亏损了250元。"同学们,你们看懂这几张表的关系了吗? 净利润是如何计算的,我们一起来看看吧。

 知识储备1:利润表

利润表是反映企业在一定会计期间(如月度、季度、半年度或年度)内生产经营成果的会计报表。企业在这个会计期间内的经营成果,既可能表现为盈利,也可能表现为亏损。在企业经营活动中,利润表全面揭示了企业在某一特定时期实现的各种收入、发生的各种费用、成本或支出,以及企业实现的利润或发生的亏损情况,具体作用表现在以下几个方面:

(1)体现公司的收入。利润表可以体现企业一定会计期间内的收入情况。

(2)表明公司的耗费情况。利润表可以表明企业一定会计期间内各种耗费情况。

(3)反映获利或亏损情况。利润表可以反映企业一定会计期间内获得的利润或发生的亏损数额。

利润表主要项目内容如表9-15所示。

表9-15　利润表主要项目内容

序号	项目	含义	提示
1	营业收入	指企业在从事销售商品、提供劳务和让渡资产使用权等日常经营过程中所形成的经济利益的总流入	在企业利润的形成过程中,营业收入可谓是源泉,即没有营业收入,肯定没有利润。在花颜奶茶店中营业收入为27 600元

（续表）

序号	项目	含义	提示
2	营业成本	企业所销售商品或者提供劳务的成本	无论对于任何企业来说,营业(销售)成本越低,那么意味着公司的经营效率越高,竞争力就会越强。在花颜奶茶店中营业成本为 3 000 元
3	税金及附加	是指企业经营活动发生的消费税城建税,教育附加印花税等相关税费	
4	销售费用	是指企业在销售商品过程中发生的广告费、包装费、销售人员的工资薪酬,业务费等	如花颜奶茶店的宣传广告牌 1 800 元,销售人员工资 7 200 元
5	管理费用	行政部门为组织和管理生产而发生的各项费用	
6	财务费用	企业为筹集生产经营所需资金而发生的筹资费用	如向银行或其他金融机构贷款的利息
7	净利润	企业当期利润总额减去所得税后的金额,即企业的税后利润	归属于企业所有者。企业实现净利润就增加了所有者的权益;发生净亏损就减少了所有者的权益

理清三个利润(营业利润、利润总额、净利润)的关系,三者之间的关系可以用公式体现为:

营业利润(简表) ＝ 营业收入 － 营业成本 － 税金及附加 － 销售费用 －
管理费用 － 财务费用 ＋ 其他收益
利润总额 ＝ 营业利润 ＋ 营业外收入 － 营业外支出
净利润 ＝ 利润总额 － 所得税费用

净利润是一个企业的最终经营成果。

 知识储备 2：盈利能力主要指标

企业的盈利能力是指企业获取利润的能力。我们判断一家企业是否"赚钱",主要便是看它的盈利能力如何。通常来说,企业的盈利能力表现为一定时期内企业收益数额的多少及其水平的高低。盈利能力主要指标如表 9-16 所示。

表 9-16　盈利能力主要指标

指标	概念	公式	提示
营业毛利率	反映企业每一元营业收入中含有多少毛利额	$\dfrac{营业毛利}{营业收入净额}\times100\%$	营业毛利＝营业收入－营业成本 以花颜奶茶店为例,营业毛利＝27 600－3 000＝24 600(元) 营业毛利率＝$\dfrac{24\ 600}{27\ 600}\times100\%\approx89\%$

（续表）

指标	概念	公式	提示
净利率	反映企业每收入一元能净赚多少钱	$\dfrac{税后净利}{营业收入净额}\times100\%$	可以与毛利率做一下比较,如果两者越接近,说明企业在期间的支出费用越低,反映出企业的经营效率越高 以花颜奶茶店为例,净利率$=\dfrac{-250}{27\,600}\times100\%\approx-0.9\%$

 知识储备 3：经营效率主要指标

　　企业的经营效率,又被称为运营能力,是指企业对各项资产的运用效率。我们通过对有关财务指标的分析,包括资产的周转率或周转速度,可以获悉企业运营能力方面的信息,并为企业提高经济效益指明方向。

　　分析企业的运营能力,是分析企业盈利能力和偿债能力的基础与补充。因为企业的盈利能力受企业经营效率的直接影响,如果企业经营效率高,那么企业才有稳健盈利的可能。一家经营效率非常低的企业,盈利能力也不会有出色而持久的表现。另外,企业经营效率提升,偿债能力自然也会增强。通常情况下,我们分析一家企业的运营能力,需要同时参考资产负债表与利润表,具体指标如表 9-17 所示。

表 9-17　企业运营能力主要指标

指标	概念	公式	提示
存货周转率	反映企业在一定时期内存货的周转速度,以及资金的使用效率	$\dfrac{营业成本}{平均存货}\times100\%$	平均存货$=\dfrac{年初存货+年底存货}{2}$ 存货周转率越快,意味着存货的流动性越强,存货转换成现金的速度就越快
存货周转天数	反映企业从取得存货开始,到销售为止所经历的天数	$\dfrac{365}{存货周转率}\times100\%$	以花颜奶茶店为例,存货周转天数越少越好,食品长期摆放会变质、腐坏,造成资产的损失
应收账款周转率	通常反映一年中应收账款转化为现金的平均次数	$\dfrac{销售收入净额}{平均应收账款}\times100\%$	平均应收账款$=\dfrac{年初应收账款+年底应收账款}{2}$ 应收账款周转率越高,说明应收账款收回越快,平均收账期也就越短
应收账款周转天数	反映企业从取得应收账款的权利到收回款项、转换为现金所需要的时间	$\dfrac{365}{应收账款周转率}\times100\%$	对花颜奶茶店这样一手交钱一手交货的经营模式来说,几乎不用考虑应收账款周转天数的问题

|财商任务单——利润计算|

请根据销售统计表和成本费用表(见表9-18和表9-19)填写利润表(见表9-20)并计算利润,认真思考利润受哪些因素的影响并作出简要分析。

表9-18 奶茶店4月份销售统计表

品名	单价(元)	数量(杯)	销售收入(元)
珍珠奶茶	10	1 000	10 000
果茶	12	2 000	24 000
合计		3 000	34 000

表9-19 奶茶店4月份的成本费用统计表

序号	费用项目	金额(元)
1	店面租金	11 500
2	原料成本	4 200
3	水电及杂费	1 550
4	员工工资	8 200
5	店面装修费摊销	1 800
6	固定资产折旧	1 500
7	广告费	1 600
8	合计	30 350

表9-20 利润表(简表)

单位:××奶茶店　　　　　　　日期:2021年6月　　　　　　　单位:元

项目	本期金额	累计金额
营业收入		
减:营业成本		
税金及附加		
销售费用		
管理费用		
财务费用		
……		
营业利润		
加:营业外收入		
减:营业外支出		
利润总额		
减:所得税费用		
净利润		

话题四：如何估算企业的盈亏

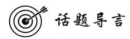 **话题导言**

　　花颜奶茶店开店有一段时间了，为了更好地对花颜奶茶店作出规划，小陈请小赵算算花颜奶茶店每个月销售多少杯奶茶，即销售额要达到多少才可以保本。小赵说，这要先了解哪些是固定成本，即一杯奶茶都卖不出去也要发生的费用，如房租、店员的工资；了解哪些是变动成本，即随着奶茶销售量增加而发生变化的费用，如奶茶的原材料，这样才能来分析奶茶销售量的保本点。我们来看看怎么用本量利分析企业的盈亏吧。

如何估算
企业的盈亏

 知识储备1：本量利分析

　　本量利分析是对成本、业务量、利润之间相互关系进行分析的一种系统方法。它着重研究销售数量、价格、成本和利润之间的数量关系，为企业进行经营决策和目标控制提供有效信息，可以通过本量利分析作出关于产品结构、产品定价以及促销策略等决策，是经营决策的重要工具。

　　1. 认识成本性态

　　本量利分析是在成本性态分析的基础上进行的，要认识和掌握这种方法，先要了解成本的性态。成本性态是指成本总额与业务总量之间的依存关系，在企业总成本中，根据产品对成本消耗的不同形式以及存在的不同特点，将成本分为固定成本和变动成本。

　　固定成本是指在特定的业务量范围内，不受业务量变化影响，一定期间的总额能保持相对稳定而固定不变的成本，也就是说固定成本总额不因业务量的变动而变动，如固定月工资、门店租金等。固定总成本不变，单位业务量所负担的固定成本称为单位固定成本，会随业务量的增减呈反向变动，即业务量增加，单位固定成本会减少；而业务量减少，单位固定成本会增加。

　　变动成本是指在特定的业务量范围内，其总额会随业务量的变动而成正比例变动的成本，如直接材料等。变动成本总额因业务量的变动而成正比例变动，单位业务量负担的变动成本称为单位变动成本，它是固定不变的。

　　根据成本性态，企业的总成本公式就可以表示为：

$$总成本 ＝ 固定成本总额 ＋ 变动成本总额$$
$$＝ 固定成本总额 ＋ （单位变动成本 × 业务量）$$

案例分析

　　小陈对奶茶的成本进行了分析,奶茶的变动成本主要是材料成本与包装成本,具体如下:一杯奶茶主要是由珍珠粉圆、红茶、奶精三种原料调制而成,一袋 1 千克重的珍珠粉圆进价 8 元,可勾兑调制 20 杯珍珠奶茶;一袋 600 克重的红茶进价 18 元,可以煮出 24 000 毫升的红茶水,每杯珍珠奶茶需红茶水 240 毫升;一袋奶精的重量是 22 千克,进价 400 元,可勾兑调制 2 000 杯奶茶;每杯奶茶还需要一次性杯子、一次性吸管、封口膜包装的成本共为 0.22 元。奶茶店每月的固定成本包括租金、固定月工资等共 25 000 元。假设本月奶茶的销量为 3 000 杯,计算奶茶的单位变动成本和总成本。

$$单位变动成本 = \frac{8}{20} + \frac{18}{24\,000} \times 240 + \frac{400}{2\,000} + 0.22 = 1(元)$$

$$总成本 = 固定成本总额 + (单位变动成本 \times 业务量)$$
$$= 25\,000 + 1 \times 3\,000 = 28\,000(元)$$

2. 认识边际贡献

　　边际贡献也称为贡献毛益、边际收益,是指产品的销售收入减去相应变动成本后的余额。边际贡献减去企业的固定成本后的余额形成企业的经营利润,也就是说边际贡献先用于弥补企业的固定成本,如果还有剩余才形成利润;如果不足以弥补固定成本,则产生亏损。因此边际贡献具有弥补固定成本和创造利润的能力。边际贡献的相关公式如下:

　　单位边际贡献 ＝ 销售单价 － 单位变动成本

　　边际贡献 ＝ 销售单价 × 销售量 － 单位变动成本 × 销售量

　　利润 ＝ 边际贡献 － 固定成本

案例分析

　　假设花颜奶茶店只生产销售一种珍珠奶茶,该奶茶的售价为 8 元,单位变动成本 1 元,包括奶精、水、奶茶粉等原料成本;奶茶店每月固定成本总额为 25 000 元,包括加盟连锁费、房屋、设备折旧等。本月共销售了 3 000 杯奶茶。根据以上资料,计算珍珠奶茶的单位边际贡献、边际贡献总额,并思考一下本月该奶茶店是否盈利。

　　(1) 单位边际贡献＝8－1＝7(元)

　　(2) 边际贡献总额＝单位边际献×销售量＝7×3 000＝21 000(元)

　　因为边际贡献总额为 21 000 元,小于 25 000 元,也就是说边际贡献总额还没能弥补固定总成本,故本月该奶茶店是亏损的。

知识储备 2：盈亏平衡点分析

　　盈亏平衡点分析是根据成本、销售收入、利润等因素之间的函数关系,预测企业达到不盈不亏的状态,即业务量超过多少,企业会产生盈利;业务量低于多少,企业会发生亏损。盈亏平衡点能够为企业决策提供信息,在估计企业经营风险、有效控制经营过程方面发挥着重要作用。

盈亏平衡点又称保本点、盈亏临界点,是指利润为零时的销售量或销售额。处于盈亏平衡点时,企业的销售收入恰好弥补全部成本,企业的利润等于零。当销售量高于盈亏平衡点时,企业产生盈利,销售量越高,利润越大;当销售量低于盈亏平衡点时,企业发生亏损,销售量越低,亏损越大。

盈亏平衡点的计算公式如下:

$$盈亏平衡点销售量 = \frac{固定成本}{销售单价 - 单位变动成本}$$

$$盈亏平衡点销售额 = \frac{固定成本}{(销售单价 - 单位变动成本) \div 销售单价} = \frac{固定成本}{贡献毛益率}$$

案例分析

假设花颜奶茶店只生产销售一种珍珠奶茶,该奶茶的售价为8元,单位变动成本0.1元,包括奶精、水、奶茶粉等原料成本,奶茶店每月固定成本总额为25 000元,包括加盟连锁费、房屋、设备折旧等,根据这些资料计算盈亏平衡点。

$$盈亏平衡点销售量 = \frac{固定成本}{销售单价 - 单位变动成本} = \frac{25\ 000}{8 - 1} \approx 3\ 572(杯)$$

$$盈亏平衡点销售额 = \frac{固定成本}{(销售单价 - 单位变动成本) \div 销售单价}$$

$$= \frac{25\ 000}{(8 - 1) \div 8} \approx 28\ 571.43(元)$$

假设奶茶店的本月销售量为5 000件,奶茶店的本月的利润为多少?

$$利润 = 5\ 000 \times (8 - 1) - 25\ 000 = 10\ 000(元)$$

小思考

如果由你来经营花颜奶茶店,想要降低奶茶店的盈亏平衡点,可以采用哪些方式?

|财商任务单——填写边际贡献计算表|

A企业生产甲产品,售价为60元/件,单位变动成本为24元,固定成本总额为100 000元,当年产销量为20 000件。试计算单位边际贡献、边际贡献总额以及当年企业的经营利润,并将结果填入表9-21。

表 9-21　边际贡献计算表

项目	数量
销售单价(元)	60
单位变动成本(元)	24
固定成本总额(元)	100 000
当年产销量(件)	20 000
单位边际贡献(元)	
边际贡献总额(元)	
当年利润(元)	

|财商任务单——计算盈亏平衡点|

　　假设某企业只生产一种产品 A 箱包,A 箱包的售价为 120 元,其中,皮革成本为 20 元,单位直接人工成本为 10 元,其他变动成本为 10 元,固定成本总额为 200 000 元。请计算该公司盈亏平衡点的销售量及销售额,并填列完成表 9-22。

表 9-22　盈亏平衡计算表

项目	数量
销售单价(元)	120
单位皮革成本(元)	20
单位直接人工成本(元)	10
其他单位变动成本(元)	10
单位变动成本(元)	
固定成本总额(元)	200 000
盈亏平衡点销售量(个)	
盈亏平衡点销售额(元)	

参 考 书 目

［1］陈共.财政学［M］.9 版.北京：中国人民大学出版社，2017.

［2］吴晓波.激荡三十年［M］.浙江：浙江人民出版社，2007.

［3］张卉妍.北大金融课［M］.北京：北京联合出版，2016.

［4］邓小平.邓小平文选［M］.北京：人民出版社，1993.

［5］中共中央党史和文献研究院.习近平扶贫论述摘编［M］.北京：中央文献出版社，2018.

［6］刘彦斌.刘彦斌的理财之道［M］.北京：中信出版集团，2019.

［7］卢驰文.社会保险与社会福利［M］.上海：复旦大学出版社，2017.

［8］李民.保险基础［M］.北京：中国人民大学出版社，2013.

［9］姚佳.个人金融信用征信的法律规制［M］.北京：社会科学文献出版社，2012.

［10］彭君梅.信用经济——建立信用体系创造商业价值［M］.北京：中国商业出版社，2019.

［11］银行螺丝钉.指数基金投资指南［M］.北京：中信出版集团，2017.

［12］银行螺丝钉.定投十年财务自由［M］.北京：中信出版集团，2019.

［13］潘静波，陶永诚.个人理财［M］.北京：高等教育出版社，2018.

［14］张士军，葛春凤.金融学基础［M］.北京：教育科学出版社，2016.

［15］长投网.这本书让你读懂保险［M］.北京：中信出版社，2016.

［16］银行螺丝钉.10 分钟极简保险攻略［M］.北京：中信出版社，2018.

［17］老草.揭秘传销 100 问［M］.北京：中国工商出版社，2017.

［18］李易.反电信网络诈骗全民指南［M］.上海：上海社会科学院出版社，2016.

［19］王宗湖，张婷婷.消费心理学——理论、案例与实践［M］.北京：人民邮电出版社，2021.

［20］张易轩.消费者行为心理学［M］.2 版.北京：中国商业出版社，2018.

［21］周斌.消费心理学［M］.2 版.成都：西南财经大学出版社，2016.

［22］奚恺元.别做正常的傻瓜［M］.北京：机械工业出版社，2008.

［23］井奕杰.大学生校园网贷消费行为与心理研究［D］.云南大学，2017.

［24］中国就业培训技术指导中心.理财规划师基础知识［M］.5 版.北京：中国财政经济出版社，2013.

［25］中国就业培训技术指导中心.理财规划师专业能力［M］.5 版.北京：中国财政经济出版社，2013.

［26］中国注册会计师协会.2020 年注册会计师全国统一考试辅导教材税法［M］.北京：中国财经出版传媒集团，中国财政经济出版社，2020.

［27］中国注册会计师协会.2020 年注册会计师全国统一考试辅导教材财务成本管理［M］.北京：中国财经出版传媒集团，中国财政经济出版社，2020.

［28］蔡柏良，季健，邱素琴.财务报表分析［M］.南京：南京大学出版社，2015.

［29］注册会计师全国统一考试辅导教材编委会.经济法［M］.北京：中国工信出版集团，电子工业出版社，2018.